低秩稀疏约束张量分解的
高维图像数据修复技术研究

罗学刚　黎　波　胡永泉　严　雪　吕俊瑞　著

西南交通大学出版社

·成　都·

图书在版编目（CIP）数据

低秩稀疏约束张量分解的高维图像数据修复技术研究 /

罗学刚等著. -- 成都：西南交通大学出版社，2024.7.

ISBN 978-7-5643-9939-9

Ⅰ. TP751

中国国家版本馆 CIP 数据核字第 2024AB6662 号

Dizhi Xishu Yueshu Zhangliang Fenjie de Gaowei Tuxiang Shuju Xiufu Jishu Yanjiu
低秩稀疏约束张量分解的高维图像数据修复技术研究

罗学刚　黎　波　胡永泉　严　雪　吕俊瑞　　著

策 划 编 辑	胡　军　黄庆斌
责 任 编 辑	穆　丰
封 面 设 计	墨创文化
出 版 发 行	西南交通大学出版社
	（四川省成都市金牛区二环路北一段 111 号
	西南交通大学创新大厦 21 楼）
营销部电话	028-87600564　028-87600533
邮 政 编 码	610031
网　　　址	http://www.xnjdcbs.com
印　　　刷	成都蜀通印务有限责任公司
成 品 尺 寸	170 mm × 230 mm
印　　　张	15.25
字　　　数	264 千
版　　　次	2024 年 7 月第 1 版
印　　　次	2024 年 7 月第 1 次
书　　　号	ISBN 978-7-5643-9939-9
定　　　价	68.00 元

前　言
PREFACE

　　高维图像是二维图像在维度上的延伸扩展，它在维度上突破了二维达到了三维甚至更高，因此，它表现出维度高、信息量大、冗余度高、细节丰富、结构复杂等典型特点，广泛用于对精度要求较高的领域，如医学、化学、测控、探测、精密制造、微电子及芯片研究等。

　　矩阵和传统图像均为二维结构，因此常用矩阵表达和处理二维图像，而高维图像在维度上已经超过二维，用矩阵来表达和处理高维图像则不合适。本书采用了张量对高维图像进行表达和处理，因张量有灵活的维度伸缩性，可表示不同维度的信息，因此其成为表达和处理高维图像的最优选择。此外，利用张量本身的特性和分解方法可解决高维图像出现的某些问题，因此，在高维图像的表达和处理方法中，张量成为研究者的首选。

　　高维图像虽然比传统的二维图像在细节、信息量、精度等方面更优越，但是它也同样受到成像、传输、处理等环节的噪声影响而导致降质，故其受到噪声影响后的修复和补全是高维图像研究的重要方面，也是热点。因此，针对高维图像存在的典型问题，本书提出了 5 种算法模型用于去除高维图像噪声及图像的修复补全，分别是：基于最小最大非凸惩罚范数 MCP 约束、单向 Tchebichef 距差分自适应全变分正则化的去条带算法模型（TMCP-SDM），基于加权块稀疏正则化联合最小最大非凸惩罚约束的 HSI 条带噪声去除模型（WBS-MCP），相对全变分的加权核范数最小化模型（RTV-WNNM），基于相位一致性和重叠组稀疏正则化的非凸低秩模型（NLRM-PG），基于混合平滑正则化的自加权低秩张量环分解（ATRFHS）。经过全面的实验和数据分析，这 5 种算法模型均获得良好的实验效果和实验数据，与同类典型算法模型相比，均表现出优越性，为高维图像的去噪、修复、补全等研究提供了良好的思路和方法，具有一定的参考价值。

作者在本书的构思、撰写、修改及后期处理过程中得到了众多专家和研究人员的帮助，在此特别感谢黎波博士、胡永泉博士、严雪老师、吕俊瑞老师的大力支持。正是因为大家的同心协力，本书才得以顺利完成。此外，本书也得到了基于 Hyperledger 超级账本的食品区块链应用技术研究项目（2021SCTUZK82）、四川旅游学院科研创新团队项目（2021SCTUTY05）及面向大数据平台的川藏高光谱图像快速浮云技术研究（ZLGC2022B02）项目的技术和资金支持。

本书经过了多次修改和校对，但限于个人的精力和水平，在算法模型、实验数据、语言描述和表达等方面存在不足，难免会有疏漏和不妥之处，在此恳请各位专家、学者批评指正，宝贵意见通过 sctulibo2021@126.com 反馈。

罗学刚

2024 年 4 月

目　录
CONTENTS

第1章　概　述 ……………………………………………………… 001

　　1.1　高维图像数据恢复问题 ………………………………… 001

　　1.2　张量分解表示和模型介绍 ……………………………… 003

　　1.3　本章小结 ………………………………………………… 012

第2章　高维图像补全和修复的相关技术 ……………………… 013

　　2.1　图像处理概念和技术概述 ……………………………… 014

　　2.2　基于矩阵的低秩稀疏理论 ……………………………… 016

　　2.3　高光谱图像概述 ………………………………………… 018

　　2.4　张量的概述 ……………………………………………… 024

　　2.5　全变分正则化 …………………………………………… 032

　　2.6　ADMM 优化求解算法 …………………………………… 034

　　2.7　相关的对比算法 ………………………………………… 037

　　2.8　高维图像质量评价方法 ………………………………… 044

　　2.9　本章小结 ………………………………………………… 049

第3章　基于加权块稀疏联合非凸低秩约束的高光谱图像去条带方法
　　　…………………………………………………………………… 050

　　3.1　条带噪声的产生 ………………………………………… 050

　　3.2　条带噪声的特点 ………………………………………… 051

　　3.3　条带噪声的模型描述 …………………………………… 056

　　3.4　面向条带噪声的单向全变分 UTV 与 MCP 约束 ……… 056

3.5 面向条带噪声的 Tchebichef 距稀疏正则化约束 ······ 059

3.6 去除条带噪声的 TMCP-SDM 模型 ················· 061

3.7 去条带噪声的 WBS-MCP 模型 ··················· 081

3.8 本章小结 ································· 105

第 4 章 高维图像的混合噪声去除 ······················· 107

4.1 混合噪声的成分 ······················· 107

4.2 混合去噪的研究背景 ····················· 115

4.3 去除混合噪声的算法模型 RTV-WNNM ··········· 117

4.4 RTV-WNNM 实验分析 ···················· 124

4.5 去除混合噪声的算法模型 NLRM-PG ············· 134

4.6 本章小结 ··························· 178

第 5 章 基于混合平滑正则化自适应加权张量环分解的高光谱图像复原
··································· 180

5.1 ATRFHS 算法模型的研究背景 ················ 181

5.2 相关知识 ··························· 184

5.3 ATRFHS 算法模型 ······················ 190

5.4 实验及数据分析 ······················· 197

5.5 本章小结 ··························· 218

第 6 章 总结与展望 ····························· 219

6.1 研究总结 ··························· 219

6.2 研究展望 ··························· 222

参考文献 ································· 224

第1章

概　述

1.1　高维图像数据恢复问题

随着信息技术的迅猛发展，遥感科学技术、电子通信、生物医学、移动互联网等各个领域不断涌现出形式多样的数据。这些数据最显著的特点是体量巨大且维度极高，由于采集设备和通信传输等客观因素的影响，采集的高维数据普遍存在缺失和被噪声干扰等问题，如何将被干扰或缺失的影像采用数学模型进行恢复是一个重要的研究课题。此外，由于高维数据的维度高，其图像特征和结构难以被直接观测，对高维图像进行结构挖掘和分析时，传统的数据分析与挖掘技术效率较低，因此，从不完整数据中恢复多维图像是工程中数据处理的一个基本问题。幸运的是，这些高维数据并非毫无结构可言，它们常常在本质上具有一些低维结构特征。因此，在遥感技术、统计学、电子通信工程学以及计算机科学等领域中，研究者在恢复图像数据时,广泛关注如何有效地挖掘出数据分布的本质低维表达，并且能以鲁棒高效方式恢复和处理高维数据的方法。

自20世纪90年代以来，小波分析技术逐渐发展起来，人们也逐渐认识到在高维数据中（尤其是某些高维图像数据中），通常都隐藏着一定程度的稀疏性特征。另外，由于高维数据天然复杂且实际应用场景存在条件限制，我们往往难以完整获取所有信息而只能获得部分采样信息，这导致传统意义下估计方法（如最小二乘法）无法准确估计原始高维目标数据。然而，"压缩感知"（Compressive Sensing）的兴起表明，在建模过程中考虑到稀疏性特征可以使高维数据的处理变得简单可行，并在一定条件下精确恢复原始目标值成为可能。稀疏表示作为一种数据挖掘技术，利用海量高维数据的高冗余性与感兴趣信号的稀疏性，能够有效提取出高维结构信息。早在 20 世纪 70 年代，信号处理领域已经出现了稀疏性的概念，如快速傅里叶变换、卡洛变换（Karhunen-Loeve Transform，KLT）等方法均是基于线性变换的方法。直到 20 世纪 90 年代，低秩理论的引入使得稀疏表示往前迈进了一大步。最近几年，稀疏表示（Sparse Representation，SR）理论基于少数可压缩信号的线性预测包含足够的信息进行重建和处理，因其不依赖传统香农奈奎斯特（Shannon Nyquist）采样定律和高精度重建性能而迅速成为新型信号表达和图像处理方法，在信号压缩、图像质量改善、影像分类等领域得到广泛应用。通常情况下将此类估计问题称为"稀疏恢复"（Sparse Recovery）问题。从根本上讲，在解决稀疏恢复问题时需要解决四个核心子问题：

（1）如何针对具体类型选择合适的稀疏性度量函数。

（2）如何设计恢复过程的采样算子以满足具体实际场景需求。

（3）如何设计相应优化问题求解算法以提升性能水平。

（4）如何运用合适数学分析工具以建立精确恢复理论。

这些技术主要以矩阵形式来表达数据，对于高维图像数据而言，通过展开转换为矩阵，本身固有结构特征将被破坏，无法准确地恢复图像原有的结构和信息。

张量具有维度伸缩性，它便于表示现实中的多维数据，如：彩色图像和视频。因此，张量表示已成为机器学习和计算机视觉的前沿研究热点。此外，张量在众多应用中都发挥着重要作用，例如信号处理、机器学习、生物医学工程、神经科学、计算机视觉、通信、心理测量学和化学计量学。它们可以为制定和解决这些领域的问题提供一个简洁的数学框架。比如，低秩张量补全旨在恢复多路数据的缺失数据和信息，在信号处理和计算机视觉等许多领域都非常流行和重要。

由于张量分解的技术兴起，利用张量技术从不完整数据中恢复多维图像，具有其捕获多维图像的任意模式（即目标张量）之间的相关性的优势。

张量分解最近在多维图像恢复中显示出很好的性能，如下为几个涉及张量分解框架应用案例：

（1）语音和图像处理中的许多时空信号是多维的，基于张量分解的技术可以有效地提取其特征，用于增强、分类、回归等。例如，非负正则多元分解（Polyadic Nonnegative Canonical Polyadic，PNCP）可用于语音信号分离，其中 CP 分解的前两个分量表示信号的频率和时间结构，最后一个分量是系数矩阵。

（2）在化学、医药和食品科学中常用的荧光激发-发射数据，有几种不同浓度的化学成分。它可以表示为一个三阶张量，三个模态分别代表样品、激发和发射。利用 CP 分解，张量可以分解为三个因子矩阵：相对激发光谱矩阵、相对发射光谱矩阵和相对浓度矩阵。这样，就可以应用张量分解来分析每个样本中的成分和相应浓度。

（3）社交数据通常具有多维结构，可以被基于张量的技术用于数据挖掘其潜在价值。例如，聊天数据的三种模式是用户、关键词和时间。张量分析可以揭示社交网络中的通信模式和隐藏结构，该技术对推荐系统等任务处理有较好的效果。

本书依然以稀疏恢复理论和高维数据低秩特征为基础，借用张量分解技术为工具，挖掘高维图像数据的潜在结构并恢复缺失信息，特别是以高光谱遥感图像为例进行对比实验，从而获得各类算法模型的优缺点，充分利用高维图像数据的低秩和稀疏特性，并将这些特性融入张量分解模型中，实现各类高维图像数据修复应用。

1.2 张量分解表示和模型介绍

1.2.1 张量表示

张量的概念和数学表示在 2.4 节中有详细介绍，本节将介绍张量的表示法（纤维和切片）并演示如何以图形方式表示张量。张量的特殊形式，向量 $a \in \mathbb{R}^I$ 是一阶张量的第 i-th 个元素，矩阵 $A \in \mathbb{R}^{I \times J}$ 是二阶张量的第（i, j）个元素 a_{ij}。一个通用的 N 阶张量可以用数学形式表示为 $\boldsymbol{A} \in \mathbb{R}^{I_1 \times I_2 \times \cdots \times I_N}$，它的第（$i_1$, i_2, $\cdots$, i_N）元素值为 a_{i_1}, a_{i_2}, $\cdots$, a_{i_N}。

张量的纤维操作，可将原始张量展开，预留一个索引，将其余所有索引进行固定以实现纤维化操作；张量的切片操作，预留两个索引，将其余所有索引进行固定，从而实现切片操作。对于一个三阶张量 $\boldsymbol{A} \in \mathbb{R}^{I_1 \times I_2 \times I_3}$，其 mode-1、mode-2 和 mode-3 纤维分别表示为 $\boldsymbol{A}(:, i_2, i_3)$、$\boldsymbol{A}(i_1, :, i_3)$ 和 $\boldsymbol{A}(i_1, i_2, :)$，其中 $i_1 = 1$, $\cdots$, I_1; $i_2 = 1$, $\cdots$; I_2; $i_3 = 1$, $\cdots$, I_3，如图 1.1 所示。

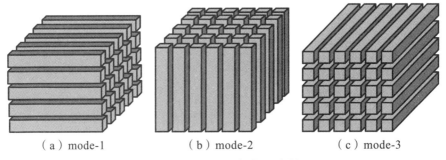

（a）mode-1 　　　（b）mode-2 　　　（c）mode-3

图 1.1　3 种纤维化操作的实例图

同理，其水平切片为 $\boldsymbol{A}(i_1, :, :)$, $i_1 = 1$, $\cdots$, I_1; 横向切片为 $\boldsymbol{A}(:, i_2, :)$, $i_2 = 1$, $\cdots$, I_2; 正面切片为 $\boldsymbol{A}(:, :, i_3)$, $i_3 = 1$, $\cdots$, I_3，如图 1.2 所示。

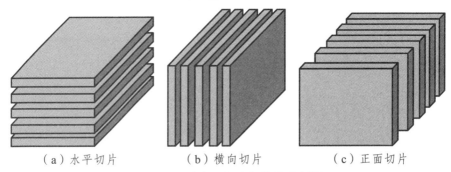

（a）水平切片 　　　（b）横向切片 　　　（c）正面切片

图 1.2　3 种张量切片操作的实例图

除了前面提到的符号，还有另一种表示张量及其运算的方法，即利用图形表示。该方法中，张量可用节点和边直接表示。标量、向量、矩阵和张量的图形表示如图 1.3 所示，旁边的数字表示对应模式的索引。

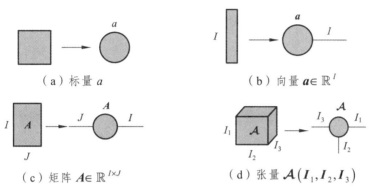

（a）标量 a　　　　　　　　（b）向量 $a \in \mathbb{R}^I$

（c）矩阵 $A \in \mathbb{R}^{I \times J}$　　　　（d）张量 $\mathcal{A}(I_1, I_2, I_3)$

图 1.3　标量、向量、矩阵和张量的图形表示

1.2.2　多种张量分解模型

张量分解的思想最早是由 Hitchcock 在 1927 年提出的，它用在传统的心理测量学和化学计量学中，直到近年来才被众多学者用于图像研究，尤其是高维图像的研究。随着张量分解理论研究的不断深入，它开始在其他领域受到关注，包括信号处理、数值线性代数、计算机视觉、数值分析和数据挖掘。同时，学者们也开发了不同的分解方法来满足不同的需求。在本节中，首先讨论两个基础方法，即塔克(Tucker)分解和 CP 分解(Canonical Polyadic Decomposition，典范多因子分解)，并介绍其他一些相关方法，如块项分解、张量奇异值分解和张量网络等。

1. 塔克（Tucker）分解

塔克（Tucker）分解是由 Tucker 在 1963 年首次提出，后来 Levin 和 Tucker 对其进行了完善。2000 年，De Lathauwer 提出了高阶奇异值分解。Tucker 分解可以看作是主成分分析的一种高阶推广。现在，一般将 Tucker 分解和 HOSVD 交替应用来指代塔克分解。利用 mode-n 积，Tucker 分解可以定义为核心张量与矩阵沿每个模式的乘法，如图 1.4 所示。

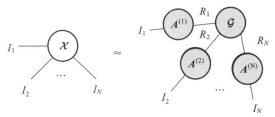

图 1.4　Tucker 张量分解示意图

图 1.4 表示一个 N 阶张量和一个 N 阶核心张量沿着每个模态乘以一个基矩阵。因此，张量 $\boldsymbol{\mathcal{X}} \in \mathbb{R}^{I_1 \times I_2 \times \cdots \times I_N}$ 可表示为式（1-1）的形式：

$$\boldsymbol{\mathcal{X}} = \boldsymbol{\mathcal{G}} \times_1 \boldsymbol{A}^{(1)} \times_2 \boldsymbol{A}^{(2)} \times_3 \ldots \times_N \boldsymbol{A}^{(N)} \tag{1-1}$$

式中，$\boldsymbol{\mathcal{G}} \in \mathbb{R}^{R_1 \times R_2 \times \cdots \times R_N}$，被称为核心张量；$\times_n$ 表示 n 模积，即张量与模态为 n 的矩阵相乘。如表示成元素，则 $\boldsymbol{\mathcal{G}} \times_1 \boldsymbol{A}^{(1)}$ 可以表示为式（1-2）的形式：

$$\left(\boldsymbol{\mathcal{G}} \times_1 \boldsymbol{A}^{(1)} \right)_{i_1, r_2, \cdots, r_N} = \sum_{i_1=1}^{R_1} \boldsymbol{\mathcal{G}}_{r_1, r_2, \cdots, r_N} \boldsymbol{A}^{(1)}_{i_1, r_1} \tag{1-2}$$

在式（1-2）中，因子矩阵 $A(n) \in \mathbb{R}^{I_N \times R_N}$ 的列可以看作是第 n 个模态的主成分，核心张量 $\boldsymbol{\mathcal{G}}$ 可以看作是 $\boldsymbol{\mathcal{X}}$ 的压缩版本，或者是低维子空间中的系数。不仅可在 Tucker 分解的各个因子矩阵上加上正交约束，还可增加其他约束，如稀疏约束、平滑约束、非负约束等。此外，在一些应用场景中，mode 不同，则所表示的物理意义也不同，因此，可适当加入约束条件。图 1.5 中，三个不同的 mode 分别被加上了正交约束、非负约束以及统计独立性约束等。

塔克（Tucker）分解可以看作是一个 PCA 的多线性版本，可用于数据降维、特征提取、张量子空间学习等。此外，塔克（Tucker）分解同时在高光谱图像中也有所应用，如低秩 Tucker 分解用于高光谱图像的去噪，张量子空间用于高光谱图像的特征选择，用 Tucker 分解做数据的压缩等。

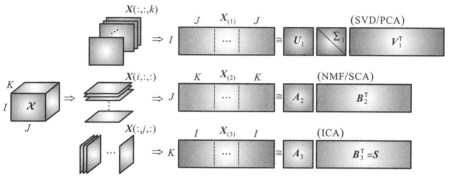

图 1.5 带约束的 Tucker 分解

2. CP 张量分解

CP（CANDECOMP / PARAFAC）分解是一种经典的张量分解形式，将张量分解为一系列秩为 1 的张量之和，其数学表达式为式（1-3）所示：

$$\boldsymbol{\mathcal{X}} = \left[\!\left[\boldsymbol{\lambda}; \boldsymbol{A}^{(1)}, \boldsymbol{A}^{(2)}, \cdots, \boldsymbol{A}^{(N)}\right]\!\right] = \sum_{r=1}^{R} \lambda_r \boldsymbol{a}_r^{(1)} \circ \boldsymbol{a}_r^{(2)}, \cdots, \boldsymbol{a}_r^{(N)} \qquad (1\text{-}3)$$

在式（1-3）中，$\boldsymbol{a}_r^{(n)}$ 表示 $\boldsymbol{A}^{(n)}$ 的第 r 列；$\boldsymbol{\lambda} \in \mathbb{R}^R$ 表示 r 个分量的显著性。张量 $\boldsymbol{\mathcal{X}}$ 的秩用 R 表示，定义为秩 1 张量的最小个数，图 1.6 为 CP 张量分解示意图。

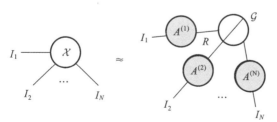

图 1.6 CP 张量分解示意图

CP 分解应用最经典的算法是 CP 交替最小二乘法（CP-ALS）。CP 分解的求解首先要确定分解的秩 1 张量的个数，正如前面介绍的由于张量的秩 Rank-n 近似无法渐进地得到，通常我们通过迭代的方法对 R 从 1 开始遍历直到找到一个合适的解。当数据无噪声时，重构误差为 0 所对应的解即为 CP 分解的解，当数据有噪声的情况下，可以通过 CORCONDIA 算法估计 R。当分解的秩 1 张量的个数确定下来之后，可以通过交替最小二乘方法对 CP 分解进行求解。

3. 块项张量分解

2008 年，Lieven De Lathauwer 等人提出了一种块项张量分解（Block Term Decomposition，BTD），它在张量分解中作为一种更强大的工具被引入，它结合了 CP 分解和 Tucker 分解，因此 BTD 比原始的 CP 和 Tucker 分解具有更强的鲁棒性。CP 近似于一个张量的秩 1 张量的和，而 BTD 是一个低秩 Tucker 格式的张量的和。或者通过将每个模态中的因子矩阵串联起来，将每个子张量的所有核心张量排列成一个块对角核心张量，BTD 可以视为 Tucker 的一个实例，如图 1.7 所示。

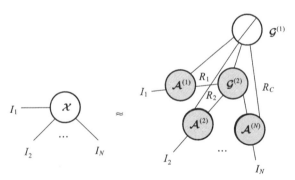

图 1.7　BTD 张量分解示意图

由此可见，任何一个 n 阶张量，其 BTD 分解可以表示为式（1-4）的形式：

$$\mathcal{X} = \sum_{n=1}^{N} \mathcal{G}_n \times_1 A_n^{(1)} \times_2 A_n^{(2)} \times_3 \dots \times_d A_n^{(d)} \tag{1-4}$$

在式（1-4）中，N 表示 CP 秩，即块项个数，$\mathcal{G} \in \mathbb{R}^{R_1 \times R_2 \times \dots \times R_d}$ 是第 N 个

多线性秩块项的核心张量，其秩为（R_1，R_2，…，R_d）。

BTD 分解应用于盲源分离、高光谱解混、去噪、深度学习模型压缩、时序知识图谱的补全等方面。BTD 分解现在也开始应用在深度学习中，事实上张量分解在深度学习中的应用最近被广泛地被研究，因为张量分解可以有效地减少深度学习中参数的个数。

4. 张量序列分解

张量序列分解（Tensor Train Decomposition，TTD）是 Oseledets 等人在 2011 年提出的一种张量分解工具，属于一种张量链式分解。TTD 将高阶张量分解为三阶或二阶张量的集合，这些核心张量是通过收缩算子连接起来的。假设我们有一个 N 阶张量，在元素上，我们可以将其分解为张量链式分解，其表达式可表示为 TTD 格式，如式（1-5）所示：

$$\boldsymbol{\mathcal{X}}_{i_1,i_2,\cdots,i_N} = \sum_{r_1,r_2,r_N} \boldsymbol{\mathcal{G}}_1(r_1,i_1,r_2)\boldsymbol{\mathcal{G}}_2(r_2,i_2,r_3)\cdots\boldsymbol{\mathcal{G}}_N(r_N,i_N,r_{N+1}) \quad （1\text{-}5）$$

在式（1-5）中，$\boldsymbol{\mathcal{G}}_k(r_{k-1},i_{k-1},r_k)\in\mathbb{R}^{R_{k-1}\times I_k\times R_k}$ 分解后的张量，r_1，r_2，…，r_N 对应着各个分解后的张量秩，此处分解得到的张量为三阶张量，因为这些张量之间相乘的形式酷似一节节的火车车厢，所以也被称为张量火车模型，英文为 Tensor Train Decomposition，其结构如图 1.8 所示。当 $r_1=1$ 时，"火车头"张量 $\boldsymbol{\mathcal{G}}_1(r_0,i_1,r_1)$ 可以被简化为一个矩阵 $\boldsymbol{G}_1\in\mathbb{R}^{I_1\times R_1}$；同样，当 $r_{N+1}=1$ 时，"火车尾"张量 $\boldsymbol{\mathcal{G}}_N(r_N,i_N,r_{N+1})$ 也可以被简化为一个矩阵 $\boldsymbol{G}_N\in\mathbb{R}^{I_N\times R_N}$。

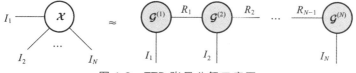

图 1.8　TTD 张量分解示意图

TTD 分解一般常用于图像分割、张量神经网络参数压缩、高维数据结构特征提取、高光谱降维、图像补全、张量补全等。

5. 张量环分解

张量环分解（Tensor Ring Decomposition，TRD）是一种特殊的张量分解结构，如图 1.9 所示。相比于常用的 CP 分解和 Tucker 分解，这种分解结构可以挖掘和表达更多的数据模式,但与常用的张量分解低秩结构一样，随着数据张量的阶数增加，找到低秩结构合理的隐性 TR 因子（Latent TR Factors，LTRF）的难度也会相应地增加。随后，有研究者提出在隐性 TR 因子中引入了核范数（nuclear norm）正则项，并将奇异值分解（SVD）用作隐性 TR 因子的交替方向乘子法（Alternating Direction Method of Multipliers，ADMM）迭代过程，建立了多线性张量秩与 TR 因子秩之间的理论关系，使得低秩约束可以隐式地在 TR 潜空间上进行，进一步利用核范数对矩阵进行正则化，使 TRD 算法总能得到一个稳定的解，其原理如图 1.9 所示。

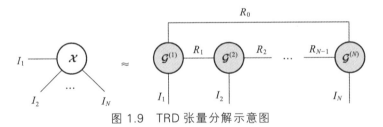

图 1.9 TRD 张量分解示意图

假设有一个 N 阶张量，以元素的角度，可以将 N 阶张量分解成张量环，其形式可描述为 TRD 格式，如式（1-6）所示：

$$\mathcal{X}_{i_1,i_2,\cdots,i_N} = \sum_{r_1,r_2,\cdots,r_N} \mathcal{G}_1(r_1,i_1,r_2)\mathcal{G}_2(r_2,i_2,r_3)\cdots\mathcal{G}_N(r_N,i_N,r_{N+1})$$

$$= \text{Trace}\left(\sum_{r_2,\cdots,r_N} \mathcal{G}_1(:,i_1,r_2)\mathcal{G}_2(r_2,i_2,r_3),\cdots,\mathcal{G}_N(r_N,i_N,:)\right) \quad (1\text{-}6)$$

式中， $\mathcal{G}_k(r_{k-1},i_{k-1},r_k) \in \mathbb{R}^{R_{k-1}\times I_k \times R_k}$ 为分解后的张量，分解后的张量

$\mathcal{G}_1\left(r_1, i_1, r_2\right)$ 和 $\mathcal{G}_N\left(r_N, i_N, r_{N+1}\right)$ 构成一个环形。TRD 在数据压缩、图像处理、量子信息等方面均有很好的应用。

上述 5 种张量分解模型对分解高维图像数据，挖掘其结构特征打下了良好的理论基础。近年来，几种基于张量分解的先进方法的使用在高维图像数据处理中 5 取得了一定的效果。然而，要真正使张量计算像矩阵计算一样实用，仍然存在一些挑战，如下所述：

（1）对于给定的张量可能有多种分解，但对于如何为某些多路数据处理任务选择理想的分解，目前还没有建立坚实的理论指导。此外，据报道，张量网络在高阶数据处理方面具有出色的性能，但如何推导出合适的网络仍然是一个开放问题。

（2）对于从异质网络收集的数据，如社交网络、银行数据和流量模式，可以实现图形可视化呈现。然而，张量模式下的均匀连接降低了编码的拓扑结构利用率。

（3）张量计算在某些情况下会导致沉重的计算负担。因此，需要高性能的张量计算算法和高效的软件。

（4）除了数据处理领域，张量在物理学中也被深入研究。利用其他领域的结果来提高张量分解及其数据处理性能是相当重要的。例如，量子计算可能会高度加速基于张量的机器学习。

（5）作为一种线性表示，张量分解将在高度非线性的特征提取中遇到困难。受深度神经网络成功的激励，深度张量分解可以通过应用多层分解来表示。然而，可解释性和泛化性问题将随之而来。

（6）随着物联网的发展，很多数据处理任务都是由边缘计算来完成的。为边缘计算应用开发分布式张量分解、块张量分解和在线张量分解会很有趣，但并不容易。

（7）对于针对张量在遥感大数据模型多任务结构提取的问题，如何将张量分解应用于高级视觉甚至多任务框架，是一个关键的挑战。为了将基于张量分解的模型用于多任务应用，应该明确具体的多任务研究的意义，这需要掌握整个遥感成像过程和随后的数据分析，如耦合去噪和解、去噪和超分变、解混等任务。

1.3 本章小结

本章从高维图像数据存在的问题出发，分析了高维图像数据具有低秩性和稀疏性等特征，但现有模型算法主要以矩阵为主进行数据修复，造成了高维图像数据天然的结构信息被丢失，而张量技术是针对高维图像数据最佳数据表达方式。在本章中，引入了 5 种常见的张量分解模型以及相应的应用。后续将针对高维图像数据低秩和稀疏特性，以张量分解模型为基础，开展相关的高维数据的修复研究任务。

第 2 章

高维图像补全和修复的相关技术

当前我们处在一个信息量剧增的时代，图像作为人类感知世界的视觉基础，是人类获取信息、表达信息和传递信息的重要手段。人的视觉系统可以帮助人类从外界获取 3/4 以上的信息，图像图形是所有视觉信息的载体。数字图像处理，即用计算机对图像进行处理，源于 20 世纪 20 年代，当时人们通过海底电缆从英国伦敦到美国纽约传输了一幅照片，采用了数字压缩技术。数字图像处理技术可以帮助人们更客观、准确地认识世界。通常情况下，图像在产生、传输过程中，由于受到内因和外因的影响，会出现质量的退化。利用各种图像处理技术，使退化图像恢复到原有高画质形态，这是图像处理的核心目标之一。

通常的图像均为扁平的二维图像，由空间中的长度（X 轴）和宽度（Y 轴）构成，用二维坐标中的 X、Y 轴就能表达出其空间形态。高维数据又被称为高维图像，是二维图像在维度上的扩展，本书中所述的高维图像指的是三维图像、高光谱图像、多光谱图像等，即在二维的基础上增加了第三个维度。当第三个维度是空间高度时，便形成了长（X 轴）、宽（Y 轴）、高（Z 轴）的三维立体空间图像形态，即三维图像；当第三个维度是几百上千个连续窄波段形成的光谱，便形成了长（X 轴）、宽（Y 轴）、光谱维（Z 轴）的图像立方体，即高光谱图像；当第三个维度是非连续且数量不多的波段形成的光谱维时，便构成了长（X 轴）、宽（Y 轴）、光谱维（Z 轴）多光谱图像，多光谱图像可以视为高光谱图像波段较少且不连续的特殊情况。

本书中提出的补全和修复算法模型不仅适用于普通的二维图像，更适用于以上所述的高维图像，且针对高维图像时能获得更好的处理效果，表现出极强的高维图像普适性。所以在后续的阐述中，将不再明确地区分该算法模型是针对哪种高维图像。

为了便于理解，本章将面向书中的模型和方法，对与之相关的技术进行适当阐述，即图像处理的概念和技术概述、低秩稀疏理论、高维数据中的高光谱图像概述、张量的概述、全变分正则化（TV）、交替方向乘子法（ADMM）、典型的对比算法、图像评价方法。

2.1 图像处理概念和技术概述

图像处理的概念分为广义和狭义两种，广义的图像处理是指针图像的所有技术手段的集合；狭义的图像处理是指针对图像存在的问题，采用适当的方法对图像进行操作、优化、改进的技术。常见的图像处理技术包括：图像变换、图像压缩、图像增强和复原、图像分割、图像描述、图像识别。

1. 图像变换

图像变换是指直接在空间域中进行的处理。由于图像的阵列较大，尤其是高分辨率图像，涉及计算量很大。因此，常采用各种图像变换的方法，如傅里叶变换、沃尔什变换、离散余弦变换等间接处理技术，将空间域的问题演变到变换域的问题，这样不仅可减少计算量，还可获得更有效的处理效果，如傅里叶变换将空间域转换到了频率域，在频域中，图像便显出了良好的局部化特性，因此，其在图像处理中有着广泛的应用。

2. 图像压缩

图像压缩通常又被称作图像编码压缩，该技术可减少描述图像的数据量（即比特数），以节省图像传输、处理时间和减少所占用的存储器容量。压缩图像可以在不失真的前提下获得，也可在能接受的失真范围内进行。编码是压缩技术中最重要的技术，它是在图像处理技术中发展最早且比较成熟的技术。

3. 图像增强

图像增强是指有目的地强调图像的整体或局部特性，将原来不清晰的图像变得清晰或体现某些感兴趣的特征，扩大图像中不同物体特征之间的差别，抑制不感兴趣的特征，改善图像质量，丰富信息量，加强图像判读和识别效果，满足某些特殊分析的需要。比如，强化图像高频分量，可使图像中物体轮廓清晰，细节明显；强化低频分量可减少图像中噪声影响。

4. 图像复原

图像复原技术则是通过去模糊函数去除图像中的模糊部分，还原图像的本真。其主要采用的方式是采用退化图像的某种所谓的先验知识来对已退化图像进行修复或者是重建，就复原过程来看可以将之视为图像退化的一个逆向过程。图像复原时，要对图像退化的整个过程加以适当的估计，在此基础上建立近似的退化数学模型，再对模型进行适当的修正和约束，对退化过程出现的失真进行补偿和限制，以保证复原之后所得到的图像无限逼近于原始图像，恢复或重建原有的高画质图像。图像的补全和修复均为图像复原技术的重要分支。

5. 图像分割

图像分割是数字图像处理中的关键技术之一，是指将图像中有意义的特征部分提取出来，其有意义的特征有图像中的边缘、区域等，这是进一步进行图像识别、分析和理解的基础。虽然目前已研究出不少边缘提取、区域分割的方法，但还没有一种普遍适用于各种图像的有效方法。

6. 图像描述

图像描述是图像识别和理解的必要前提。作为最简单的二值图像，可采用其几何特性描述物体的特性；一般图像的描述方法采用二维形状描述，它有边界描述和区域描述两类方法；对于特殊的纹理图像，可采用二维纹理特征描述。随着图像处理研究的深入发展，已经开始进行三维物体描述的研究，提出了体积描述、表面描述、广义圆柱体描述等方法。

7. 图像识别

图像识别属于模式识别的范畴，其主要内容是经过某些对图像的预处理（增强、复原、压缩）后，进行图像分割和特征提取，从而进行判决分类。图像分类常采用经典的模式识别方法，包括统计模式分类和句法（结构）模式分类，近年来新发展起来的模糊模式识别和人工神经网络模式分类在图像识别中也越来越受到重视。

随着图像处理技术的创新与发展，图像处理技术已经从二维图像发展到多维甚至是高维，产生了许多的处理方法，提出了创新的处理思路，获得了瞩目的科研成果，是自然科学研究发展历程中的璀璨明珠。

2.2 基于矩阵的低秩稀疏理论

秩是矩阵学习中的重要概念，也是矩阵的重要属性。其定义是：设在矩阵 A 中有一个不等于 0 的 R 阶子式 D，且所有 $R+1$ 阶子式全为 0，那么 D 称为"矩阵 A 的最高阶非零子式"，数 R 称为"矩阵 A 的秩"，记作 $R(A)$。其中，零矩阵的秩等于 0。

矩阵的秩体现了矩阵的行（或列）之间的线性相关性。矩阵的秩越大，说明矩阵中行（或列）间的线性相关性就越小；相反，矩阵的秩越小，说明矩阵中行（或列）之间的线性相关性就越大。如果矩阵的行（或列）间是线性无关的，则说明该矩阵为满秩，满秩是矩阵的秩达到最高值的特殊情况。满秩在实际应用中出现的概率很低，大多数情况是秩处于逼近满秩的一种高位状态，常称之为高秩；相反，如果秩处于逼近 0 秩的一种低位状态，则称之为低秩。

　　稀疏即稀疏性，是矩阵的重要属性。简而言之，稀疏性是指矩阵中零元素数量，如果零元素较多，非零元素较少，此时矩阵表现出极大的稀疏性，正是因为零元素较多，从而导致稀疏矩阵的行（或列）之间的相关性强。如果对矩阵进行奇异值分解，并把所有的奇异值排列成一个向量，那么该向量的低秩便对应于该向量的稀疏。由此可见，低秩和稀疏具有同一性，即低秩矩阵往往也是稀疏矩阵，反之，稀疏矩阵往往也是低秩矩阵。

　　在图像研究过程中，图像往往用矩阵进行表示，因此，对图像的研究便转化成了对矩阵的研究。许多研究结果呈现出一个基本规律：低秩性和图像质量存在着一致性，即高质量的图像一般都是低秩的或者近似低秩的，含噪量高的退化图像几乎都是高秩的。因此，在图像的研究过程中，产生了低秩矩阵恢复理论，即 Low Rank Matrix Recovery，简称为 LRMR。LRMR的核心思想是将退化图像看作一组低维数据加上噪声形成的，因此退化前的干净无噪数据就可以采用低秩矩阵逼近，通过求解低秩矩阵，从而达到去噪复原的目的。

　　低秩，这就意味着可以将数据投影到更低维的线性子空间中，用少量的向量便可表达所有数据，用于描述数据的强相关性和结构信息。在图像处理领域，秩可以理解为图像信息丰富量，基于低秩矩阵理论的方法被广泛用于图像处理的应用中，如去噪、去模糊等。根据低秩矩阵恢复（LRMR）理论，低秩矩阵的模型可表示为

$$M = L + N \tag{2-1}$$

式（2-1）中，M 为含噪退化图像；L 为低秩分量；N 为噪声分量。在特定的应用环境中，噪声 N 还可以细分，如高光谱图像的低秩去噪研究中，就常把 N 分解成混合噪声 S 和高斯噪声 G，于是高光谱图像的低秩模型就变成了 $M = L + S + G$。LRMR 低秩恢复理论旨在通过降噪模型，获得 M 的低

秩分量 L，用低秩分量逼近无噪图像，从而达到去除噪声分量 N，实现图像去噪复原的目的。其模型如图 2.1 所示。

含噪退化图像　　　　低秩分量　　　　噪声分量

图 2.1　LRMR 模型示意图

基于 LRMR 近似逼近低秩的方法，求含噪退化图像的低秩分量，用低秩分量逼近干净无噪图像，便能有效地去除图像中的噪声，获得较好的图像质量，实现含噪退化图像的去噪复原。因此，基于 LRMR 理论的工作原理，对图像复原建立优化模型时，往往将低秩稀疏作为优化模型的约束条件，比如图像的高质量重建、补全和修复等方面。

2.3　高光谱图像概述

高光谱遥感是对地遥感成像的典型技术之一，是遥感成像技术的重要研究领域。高光谱成像是指高光谱成像仪通过相应地物表面反射或发射的电磁波获取地物影像，即高光谱图像（Hyper Spectral Imaging，HSI）。高光谱成像仪所发射/反射的电磁波为波段数多的可连续窄波段，光谱分辨率达到了 0.01 μm，可提供几乎连续的地物光谱曲线，较大程度地避免了地物细节的丢失，更有利于地物信息的采集、反演、分类、识别及其他应用。

高光谱图像技术将二维空间信息和光谱信息结合起来，达到了"图谱合一"，实现了多波段的光谱连续遥感成像，可精确、详细地获取连续的窄波段图像数据信息，因此，高光谱图像具有波段多、光谱范围窄（0～01 μm）、波段连续、数据量大的特点，保证了地物遥感时能获取详细的地物细节并提供几乎连续的地物光谱，最大程度地采集、保留地物细节信息。基于以上优点，高光谱图像被广泛应用于地质勘探、植被生态监测、大气环境监测、农业遥感、海洋勘测等领域，此外，还可用于其他与遥感相关的成像领域。因此，高光谱遥感技术被誉为 20 世纪末遥感领域的三大显著进展之一，成为图形图像、信号处理、模式识别、人工智能、机器视觉等众多领域的研究热点。

　　高光谱图像是一种典型的高维图像，即在原有的二维图像的基础上增加了光谱维，从而形成了以光谱维为轴的图像立方体，其形态如图 2.2 所示。

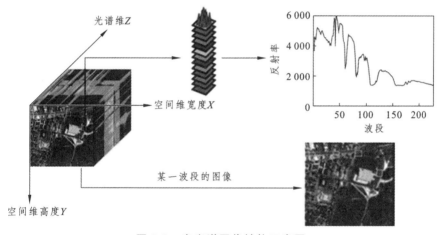

图 2.2　高光谱图像结构示意图

　　从图 2.2 可知，高光谱图像的三个维度分别是：空间的 X 维、Y 维和光谱维 Z。其中，维度 Z 包括大量连续的窄波段，在每一个波段都有一张二维图片，所有的波段连起来便形成了一个以波段为厚度的图像立方体，这便是高光谱图像。由此可见，高光谱图像具有典型的区别于其他二维图像的特点，包括大容量、自相似性、低秩性以及由此衍生出的高冗余性。

2.3.1 高光谱图像的自相似特性

张良培等人（2012）指出图像自相似性也称为"非局部相似性"，在过去的数十年中，诸多自然灰色或彩色图像去噪方法皆以此为先验基础。以图像自相似性为先验信息，建立的正则化约束方法在许多研究成果中得到了应用，如非局部平均法（Non-Local Means，NLM）和块匹配三维滤波算法（Block-Matching and 3D Filtering Algorithm，BM3D）等方法。同时，这种方法也扩展到其他类型的图像中，如彩色图像去噪、超声图像（Ultrasound Images）去噪、多光谱图像甚至是高光谱图像去噪等。

此外，空间结构相似性在影像中普遍存在，特别是有重复结构、边缘或纹理等存在的影像中。为了更好地说明影像的非局部相似性特点，在图2.3中，以Landsat TM（卫星遥感系统）图像的波段影像为例进行了展示。当图像具有很强的自相似性时，如存在较多边缘和规则的纹理，基于非局部自相似性的方法表现出色。从图2.3中可以发现，Landsat TM遥感图像的边缘区域具有较强的自相似性。

（a）Landsat TM 图像

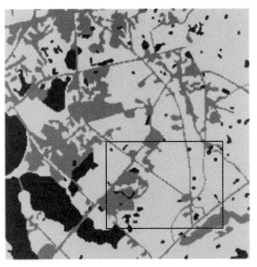

（b）由（a）生成的土地覆盖

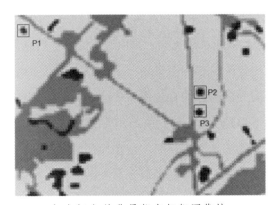

（c）（b）的非局部自相似图像块

图 2.3　遥感影像的非局部相似性示例图

　　在图 2.3 中，（a）为列举的 RGB 图像；（b）为（a）对应生成的土地覆盖图，包含水、城市和植被等信息；（c）为（b）图的黑框区域放大后的非局部自相似图像块，图中的 P1、P2、P3 为区域块，具有较强的结构相似性。

　　自相似性的量化可进行自相似判定，在判定过程中区域块的相似度逼近则是判定相似的客观标准。自相似度系数则是进行相似逼近判定的标准，

该系数越小，则所判定的区域的相似逼近度越高；反之，相似逼近度越低。自相似度系数用 S 表示，其表达式为

$$S = \frac{1}{m \times n} \sum_{i=1}^{m} \sum_{j=1}^{n} \left(\left| \frac{x_{ij}}{a(x)} \right| - \left| \frac{y_{ij}}{a(y)} \right| \right) \tag{2-2}$$

式中，m、n 分别表示所选区域的大小；x_{ij}、y_{ij} 表示比较区域的对应点像素值；$a(x)$ 和 $a(y)$ 表示参与比较的 2 个区域的像素平均值。通过比较计算，能算出局部与局部，局部与全局的自相似性。自相似性在一定程度上体现了图像的稀疏性，可间接作为图像稀疏性的判定指标。

高光谱图像所包含的光谱波段多，每个波段分别成像，将所有波段重叠起来，便形成一个图像立方体。因包含的波段多，信息冗余度大，自相似性特征极为明显。高光谱图像中也存在明显的自相似性，有效的判定并利用高光谱图像的自相似性对于去除冗余，提取有用的目标信息具有重要意义。

高光谱图像比传统的二维图像多一个光谱维，因而以图像立方体的形式存在，这使得高光谱图像的自相似在传统的二维图像自相似性基础上发生了扩展。有如下两种类型：

类型一：局部区域光谱自相似，指在局部区域相似具有相同的结构和像素值。同一波段图像的局部自相似，高光谱图像具有波谱合一的特点，每个波段独立成像，因此同一波段的图像内部，存在着局部与局部的自相似性，局部与全部的自相似性，即发生在一个图像上的内部自相似。

类型二：全局结构自相似，包含整个图像的邻近块和非局部块。此外，不同波段之间的图像也存在光谱自相似性，即波段的自相关性。相邻的波段之间，普遍存在其对应的图像具有极高的自相似度，表现出极大的波段间图像自相似性。高光谱图像所包含的波段数量很多，少则几十至几百，多则上千乃至几千，因此，在获得了不同波段的图像细节信息的同时，由于自相似性也产生了较大的冗余信息。

2.3.2　高光谱图像的低秩性

低秩恢复理论不仅适用于二维矩阵，针对可切片成多个二维矩阵的高光谱图像也适用。从前面所论述的高光谱图像自相似特性可见，由于各波段的图像表现出典型的自相似性，使得各波段的图像信息存在着高度的冗余，从而间接说明了各波段图像具有突出的低秩性，从单波段推广到高光谱图像的全波段，便可发现高光谱图像所构成的图像立方体具有明显的低秩性。因此，低秩恢复理论不仅适用于传统的二维矩阵图像，也适用于三维的高光谱图像。

基于高光谱图像的低秩模型如图 2.4 所示。

含噪高光谱图像　　　　　　低秩分量　　　　　　噪声分量

图 2.4　高光谱图像低秩模型示意图

由图 2.4 可见，实际观测的高光谱图像都带有噪声且多为混合噪声，这种含噪高光谱图像由低秩分量和噪声分量构成，在特定的应用领域，噪声分量还可以继续细分成多种噪声。由该模型而引发的去噪方法分成两大类。

第一类：直接针对噪声开展去噪研究，以噪声为研究和处理的对象，寻求直接的去噪方法，建立去噪模型。这一类方法的处理对象是噪声，针对单一噪声去噪建立算法模型，C Wang、N Acito 和 Junchuan Yu 等人均提出了针对单一的条带噪声的去除算法；W Li 等提出针对高光谱图像的高斯噪声的去噪算法；X Y Kong 和 H Deborah 等针对高光谱图像中的脉冲噪声进行研究并提出了算法模型。此外，诸多的其他研究成果还分别针对高光谱的噪声进行了单一的噪声去噪研究。

这类算法将单一的噪声作为研究对象，表现出直接、明确、针对性强的特点。但这一类算法的缺陷在于去除的噪声比较单一，只针对一个噪声有效，而高光谱图像的成像过程中，往往是多种噪声同时出现而构成复杂的混合噪声。因此，面对混合噪声，这一类方法都不能一次性去除，表现出极大的局限性。对于高光谱图像中的复杂噪声，上述针对单一噪声的去除算法普遍表现不理想，实际应用性也较差。

第二类：直接针对低秩分量，该类方法利用低秩分量逼近干净无噪分量的思路，复原重构高光谱图像。该类方法不必考虑噪声的多样性和复杂性，将所有的噪声统一地认为是混合噪声，通过求解高光谱图像低秩分量而获得复原的高光谱图像。张倩颖等、蔡荣荣等、孙培培和 Qiang Wang 等均采用低秩理论的思想，通过求解低秩分量来逼近干净无噪的分量，从而实现高光谱图像的去噪复原。

这一类方法忽略了噪声的多样性和复杂性，不会出现第一类方法的局限和弊端，主要针对高光谱图像的低秩性，利用低秩分量逼近高光谱复原图像，取得了良好的去噪复原效果。但模型在优化求解方面难度较高。目前，较多研究者采用交替方向乘子方法（Alternating Direction Method of Multipliers，ADMM）对这一类问题进行优化求解，通过 ADMM 算法能较好地计算出优化解，利用优化解解出的低秩分量逼近干净的无噪图像，因此能形成较好的问题解决方法。

2.4 张量的概述

张量是一种维度可变的数据表示方式，可视为矩阵在维度上的扩展，能表示高维的数据信息，常用 $\mathcal{X} \in \mathbb{R}^{L_1 \times L_2 \times \cdots \times L_N}$ 进行表示，当 $N=0$、1、2、3…时，分别表示 0 阶张量、1 阶张量、2 阶张量、3 阶张量……其中，0 阶张量 $\mathcal{X} \in \mathbb{R}$，表示实数；1 阶张量 $\mathcal{X} \in \mathbb{R}^{L_1}$，表示向量；2 阶张量 $\mathcal{X} \in \mathbb{R}^{L_1 \times L_2}$，

表示矩阵；当 $\mathcal{X} \in \mathbb{R}^{L_1 \times L_2 \times L_3}$ 时，表示 3 阶张量，其中的 L_1 和 L_2 可表示图像的二维，而第三维 L_3 表示光谱维时，此时的张量便可用于表示高光谱图像。文中的多个算法模型均采用了张量表示高光谱图像的方法，通过张量表示、性质、分解等进行高光谱图像的去噪复原。

当 L_3 表示光谱的波段时，则张量表示高光谱影像，在表达出高光谱图像的精确信息的同时，还能保留高光谱图像的细节，表现出极大的方便性、匹配性和契合性，如图 2.5 所示。

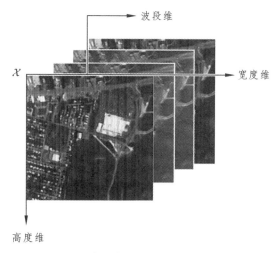

图 2.5　张量表示高光谱图像示意图

在图 2.5 中，三维张量分别表达出了高光谱图像的高度维、宽度维和光谱维（波段维），将高光谱图像的图像立方体完整地表达出来。由此可见，用张量表示高光谱图像，能充分地表达出其连续多波段的图像立方体模式，而且，随着图像的维度的增加，张量的阶数可以相应增加，如多时空谱遥感影像则可以用四阶张量表示，以此类推，张量可以表示任何维的向量。显而易见，可采用三阶张量表示三维的高光谱图像，二者的维度和量化高度匹配和契合。

2.4.1 张量的符号及重要定义

在表示向量的时候，一般都遵循领域内约定俗成的习惯。张量由多维数据数组组成，一般采用大写字母表示张量数据，比如 $\mathcal{X}$，张量 $\mathcal{X}$ 的元素采用 $\mathcal{X}(i_1,i_2,\cdots,i_N)$ 或 $\mathcal{X}_{i_1 i_2 \cdots i_N}$ 表示，使用大写黑体字母表示矩阵数据（二维数据）$\boldsymbol{Y}$，采用小写黑体字母表示矢量数据（一维数据），如 $\boldsymbol{y}$。此外，标量使用小写字母表示，如 y。将实数中的一个 n 维张量表示为 $\mathcal{X} \in \mathbb{R}^{I_1 \times I_2 \times \cdots \times I_n}$，一个三维张量包含行、列和管纤维，分别定义为 $\mathcal{X}_{i:k}$，$\mathcal{X}_{:jk}$ 和 $\mathcal{X}_{ij:}$。三维张量的二维部分被称为"切片"，采用除了两个下标之外的另一个下标固定表示。三维张量的横向、水平和前面的滑动分别用 $\mathcal{X}_{:j:}$，$\mathcal{X}_{i::}$ 和 $\mathcal{X}_{::k}$ 表示。$\mathcal{X}_{(n)}$ 是张量的模 n 的展开，将模态 n 纤维排列成柱状形式。以下将结合本文的算法模型需要，介绍张量的基本概念。

定义 2.1 张量的内积和 ℓ_1 范数：两个具有相同维数的张量 $\mathcal{X}_1$ 和 $\mathcal{X}_2$ 的内积可以表示成 $\langle \mathcal{X}_1, \mathcal{X}_2 \rangle = \sum_{i_1 i_2 \cdots i_N} \mathcal{X}_{1\,i_1 i_2 \cdots i_N} \cdot \mathcal{X}_{2\,i_1 i_2 \cdots i_N}$ 的形式；张量 $\mathcal{X}$ 的 Frobenius Norm（范数）$\|\mathcal{X}\|_F$ 计算为 $\|\mathcal{X}\|_F = \sqrt{\langle \mathcal{X}, \mathcal{X} \rangle}$，此外，张量的 ℓ_1 范数表示成 $\|\mathcal{X}\|_1 = \sum_{i_1 i_2 \cdots i_N} |\mathcal{X}_{i_1 i_2 \cdots i_N}|$ 的形式。

定义 2.2 张量克罗内克积：两个维数分别为 $\mathbb{R}^{I_1 \times I_2 \times \cdots \times I_N}$ 和 $\mathbb{R}^{J_1 \times J_2 \times \cdots \times J_N}$ 的张量 $\mathcal{X}_1$ 和 $\mathcal{X}_2$ 的克罗内克积可以表示为 $\mathcal{C} = \mathcal{X}_1 \otimes \mathcal{X}_2 \in \mathbb{R}^{I_1 J_1 \times \cdots \times I_N J_N}$，张量 $\mathcal{C}$ 的元素可表示为 $c_{I_1 J_1 \times \cdots \times I_N J_N} = \mathcal{X}_{1\,i_1 i_2 \cdots i_N} \cdot \mathcal{X}_{2\,j_1 j_2 \cdots j_N}$，其中 $i_n j_n = (i_n - 1) J_n + j_n$。

定义 2.3 张量的秩：表示为一个向量 $\mathrm{rank}(\mathcal{X}) = \mathrm{vec}(r_1, r_2, \cdots, r_N)$，$r_n = \mathrm{rank}(\mathcal{X}_{(n)})$，$n = 1, 2, \cdots, N$。

定义 2.4 张量的矢量积：两个维数分别为 $\mathbb{R}^{I_1 \times I_2 \times \cdots \times I_N}$ 和 $\mathbb{R}^{J_1 \times J_2 \times \cdots \times J_N}$ 的张量 $\mathcal{X}_1$ 和 $\mathcal{X}_2$ 的矢量积（外积）可以表示为 $\mathcal{C} = \mathcal{X}_1 \circ \mathcal{X}_2 \in \mathbb{R}^{I_1 \times \cdots \times I_N \times J_1 \times \cdots \times J_N}$。

定义 2.5 n-mode（矩阵）乘积：一个张量 $\mathcal{X} \in \mathbb{R}^{I_1 \times I_2 \times \cdots \times I_N}$ 和一个矩阵 $\boldsymbol{u} \in \mathbb{R}^{J \times I_n}$ 的 n-mode 乘积 $(\mathcal{X}_n \times \boldsymbol{u}) \in \mathbb{R}^{I_1 \times \cdots \times I_{n-1} \times J \times I_{n+1} \times \cdots \times I_N}$，其元素定义为 $(\mathcal{X}_n \times \boldsymbol{u})_{i_1 \cdots i_{n-1} j i_{n+1} \cdots i_N} = \sum_{i_n=1}^{I_n} x_{i_1 i_2 \cdots i_N} u_{j i_n}$。

2.4.2　张量的展开

张量可视为矩阵的扩展，因此，张量也可灵活地展开成矩阵的形式。常见的展开方法包括水平展开和纵向展开，此处以水平展开为例，如下所示：

（1）Kiers 水平展开方法：将张量 $\mathcal{X} \in \mathbb{R}^{I_1 \times I_2 \times \cdots \times I_N}$ 沿 3 个方向水平展开成 $\mathcal{X}_{(1)}$、$\mathcal{X}_{(2)}$ 和 $\mathcal{X}_{(3)}$，$\mathcal{X}_{(1)} = [\mathcal{X}_{::1}, \cdots, \mathcal{X}_{::K}]$、$\mathcal{X}_{(2)} = [\mathcal{X}_{1::}, \cdots, \mathcal{X}_{I::}]$ 和 $\mathcal{X}_{(3)} = [\mathcal{X}_{:1:}, \cdots, \mathcal{X}_{:J:}]$。

（2）LMV 水平展开法：张量 $\mathcal{X} \in \mathbb{R}^{I_1 \times I_2 \times \cdots \times I_N}$ 水平展开成 $\mathcal{X}_{(1)}$、$\mathcal{X}_{(2)}$ 和 $\mathcal{X}_{(3)}$ 的形式，$\mathcal{X}_{(1)} = [\mathcal{X}_{:1:}^{\mathrm{T}}, \cdots, \mathcal{X}_{:J:}^{\mathrm{T}}]$、$\mathcal{X}_{(2)} = [\mathcal{X}_{::1}^{\mathrm{T}}, \cdots, \mathcal{X}_{::K}^{\mathrm{T}}]$、$\mathcal{X}_{(3)} = [\mathcal{X}_{1::}^{\mathrm{T}}, \cdots, \mathcal{X}_{I::}^{\mathrm{T}}]$。

（3）Kolda 水平展开方法：张量 $\mathcal{X} \in \mathbb{R}^{I_1 \times I_2 \times \cdots \times I_N}$ 水平展开为 $\mathcal{X}_{(1)}$、$\mathcal{X}_{(2)}$ 和 $\mathcal{X}_{(3)}$ 的形式，$\mathcal{X}_{(1)} = [\mathcal{X}_{::1}, \cdots, \mathcal{X}_{::K}]$、$\mathcal{X}_{(2)} = [\mathcal{X}_{::1}^{\mathrm{T}}, \cdots, \mathcal{X}_{::K}^{\mathrm{T}}]$、$\mathcal{X}_{(3)} = [\mathcal{X}_{:1:}, \cdots, \mathcal{X}_{:K:}]$。

由于高光谱图像的光谱向量（Spectral Vectors）具有很好的相关性和冗余性，所以无污染的高光谱图像是低秩的。数据按照某一方向排列的叫作一路阵列，如矢量，标量属于零路阵列。数据按照某两个方向排列的叫作二路阵列，如矩阵。以此类推，张量是一个多路阵列或者多维阵列，可看作是标量、向量、矩阵在数据的表示和组织上的延伸，n 阶张量甚至被叫作 n 维超矩阵（n-dimensional hypermatrix），常用欧拉体表示，可记作 χ，为了和矩阵区分，便用双重矩阵符号 $[\![\bullet]\!]$ 表示为 $\mathcal{X} = [\![a_{i_1 i_2 \cdots i_n}]\!]_{i_1, \cdots, i_n = 1}^{I_1, \cdots, I_N}$ 的形式，其中 $a_{i_1 i_2 \cdots i_n}$ 是张量的第（$i_1, i_2, \cdots, i_n$）个元素。

2.4.3　三阶张量的表示

张量的阶数可变，根据实际的应用场景而确定。最常用的张量为三阶张量，也常被称为"三维矩阵"，表示成 $\mathcal{X} = [\![a_{ijk}]\!]_{i,j,k}^{I,J,K} \in \mathbb{K}^{I \times J \times K}$ 的形式。当 $I = J = K$ 时，该三阶张量 $\mathcal{X}$ 又被称为"立方体"，如图 2.6 所示。

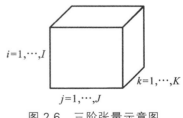

图 2.6　三阶张量示意图

三阶张量可表示成矩阵组的形式，降低了维度，可采用矩阵的技术进行处理。如沿着 I（水平），J（侧面），K（正面）方向进行切片，会得到不同表示形式的矩阵组。沿水平方向有 I 个水平切面，如式（2-3）所示：

$$\mathcal{X}_{i::} \overset{\text{def}}{=} \begin{bmatrix} a_{i11} & \cdots & a_{i1k} \\ \cdots & \cdots & \cdots \\ a_{iJ1} & \cdots & a_{iJK} \end{bmatrix} = \begin{bmatrix} a_{i:1} & \cdots & a_{i:k} \end{bmatrix} = \begin{bmatrix} a_{i1:} \\ \cdots \\ a_{iJ:} \end{bmatrix}, i = 1, \cdots, I \tag{2-3}$$

沿侧面方向有 J 个侧面切片，如式（2-4）所示：

$$\mathcal{X}_{:j:} \overset{\text{def}}{=} \begin{bmatrix} a_{1j1} & \cdots & a_{Ij1} \\ \cdots & \cdots & \cdots \\ a_{1jk} & \cdots & a_{Ijk} \end{bmatrix} = \begin{bmatrix} a_{1j:} & \cdots & a_{Ij:} [] \end{bmatrix} \begin{bmatrix} a_{:j1} \\ \cdots \\ a_{:jK} \end{bmatrix} \tag{2-4}$$

沿正面方向有 K 个正面切面，如式（2-5）所示：

$$\mathcal{X}_{::k} \overset{\text{def}}{=} \begin{bmatrix} a_{11k} & \cdots & a_{1Jk} \\ \cdots & \cdots & \cdots \\ a_{I1k} & \cdots & a_{IJK} \end{bmatrix} = \begin{bmatrix} a_{:1k} & \cdots & a_{:Jk} [] \end{bmatrix} \begin{bmatrix} a_{1:k} \\ \cdots & [] \\ a_{I:k} \end{bmatrix} \tag{2-5}$$

从式（2-3）~（2-5）可见，一个三阶张量按照不同的坐标进行切片时，得到的矩阵不同。以此类推，四阶张量可以切成若干个三阶张量的形式，五阶张量可切成若干个四阶张量的形式，n 阶张量可切成若干个 $n-1$ 阶张量的形式，采用同样的方法进行逐层切片，张量最终可以采用矩阵组表达，其基本概念如定义 2.6 所述。

定义 2.6 张量的矩阵化表示，或者称为"扁平化"（Flattening），是指将张量按照某种排列方式，扩展成矩阵形式表达的过程。将张量 $\mathcal{X} \in \mathbb{R}^{I_1 \times I_2 \times \cdots \times I_N}$ n 模展开，表示成 $\text{mat}n(\mathcal{X})$ 或者 $\mathcal{X}_{(n)}$，构成大小为 $I_n \times (I_1 I_2 I_{n-1} I_{n+1} \cdots I_N)$ 的矩阵组。

同理，张量也可以表示成向量组的形式，其如定义 2.7 所述。

定义 2.7 张量的向量表示，即张量的向量化（Vectorization），是指将张量 $\mathcal{X} \in \mathbb{R}^{I_1 \times I_2 \times \cdots \times I_N}$ 中的所有元素按照一定的规则分解并排列成向量序列的

形式，该向量序列表示为 $\text{Vec}(\mathcal{X})$，序列长度为 $(I_1I_2\cdots I_N)$。

将张量转化成矩阵或向量，在保证原始数据的基础上实现了降维，便于使用众多成熟的矩阵和向量处理技术，实现了张量数据的间接处理。

2.4.4　张量的秩

求解张量的秩时，不可避免地要用到向量的外积，定义 2.8 描述了向量的外积形式。

定义 2.8　n 个向量 $\boldsymbol{a}^{(i)} \in \Bbbk^{i\times 1}$，$i = 1, \cdots, n$ 的外积记作 $a^{(1)} \circ a^{(2)} \circ \cdots \circ a^{(n)}$，其结果为一个 n 阶张量，如式（2-6）所示：

$$\mathcal{X} = a^{(1)} \circ a^{(2)} \circ \cdots \circ a^{(n)} \tag{2-6}$$

如果用元素的形式，则记为式（2-7）的形式：

$$a_{i_1i_2\cdots i_n} = a_{i_1}^{(1)} \circ a_{i_2}^{(2)} \circ \cdots \circ a_{i_n}^{(n)} \tag{2-7}$$

定义 2.9　秩 1 张量（Rank-one Tensor），一个 n 阶张量 $\mathcal{X} \in \mathbb{R}^{I_1\times I_2\times\cdots\times I_N}$ 能表示成 N 个向量外积的形式，如式（2-8）所示：

$$\mathcal{X} = a^{(1)} \circ a^{(2)} \circ \cdots \circ a^{(N)} \tag{2-8}$$

式中，"∘"表示向量的外积，将上式写成元素的形式：

$$x_{i_1i_2\cdots i_n} = a_{i_1}^{(1)} a_{i_2}^{(2)} \cdots a_{i_N}^{(N)}, \forall 1 \leqslant i_n \leqslant I_N \tag{2-9}$$

定义 2.10　张量 $\mathcal{X}$ 能表示成 R 个秩 1 张量的和的形式，如果 R 是最小项数，则 R 为张量的秩，记作：$\text{rank}(\mathcal{X}) = R$，可表示为式（2-10）：

$$\mathcal{X} = \mathcal{X}_1 + \mathcal{X}_2 + \cdots + \mathcal{X}_R，\text{s.t.min}（R） \tag{2-10}$$

定义 2.11　张量 $\mathcal{X}$ 的 n 模秩(n-Rank)为 $\mathcal{X}$ 的 n 阶展开矩阵 $\mathcal{X}_{(n)}$ 的秩，记作 $R_{(n)}(\mathcal{X}) = \text{rank}(\mathcal{X}_{(n)})$。由此可见，张量的秩和张量的 n 模秩是截然不同

的两个概念。

2.4.5 张量的代数运算

张量的内积是向量内积的延伸，可以看作是向量内积的推广，张量 $\mathcal{X}$ 、$\mathcal{Y}$ 的内积为

$$\langle \mathcal{X}, \mathcal{Y} \rangle \overset{\text{def}}{=} \langle \text{vec}(\mathcal{X}), \text{vec}(\mathcal{Y}) \rangle = (\text{vec}(\mathcal{X}))^{\text{H}} \text{vec}(\mathcal{Y})$$
$$= \sum_{i_1=1}^{I_1} \sum_{i_2=1}^{I_2} \cdots \sum_{i_n=1}^{I_N} a^{*}_{i_1 i_2 \cdots i_n} b_{i_1 i_2 \cdots i_n} \qquad (2\text{-}11)$$

式中，"*"表示复数的共轭。由式（2-11）可见两个张量的内积是一个标量。由张量的内积可以引申出张量的范数为

$$\| \mathcal{X} \|_{\text{F}} = \sqrt{\langle \mathcal{X}, \mathcal{X} \rangle} \overset{\text{def}}{=} \left(\sum_{i_1=1}^{I_1} \sum_{i_2=1}^{I_2} \cdots \sum_{i_n=1}^{I_N} | a_{i_1 i_2 \cdots i_n} b_{i_1 i_2 \cdots i_n} |^2 \right)^{1/2} \qquad (2\text{-}12)$$

两个张量的外积依然是张量。已知张量 $\mathcal{X}$ ，$\mathcal{Y}$ ，$\mathcal{X} \in \Bbbk^{I_1 \times I_2 \times \cdots \times I_P}$ ，$\mathcal{Y} \in \Bbbk^{J_1 \times J_2 \times \cdots \times J_Q}$ ，外积 $\mathcal{X} \circ \mathcal{Y} \in \Bbbk^{I_1 \times I_2 \times \cdots \times I_P \times J_1 \times J_2 \times \cdots \times J_Q}$ 表示为式（2-13）的形式：

$$(\mathcal{X} \circ \mathcal{Y})_{i_1 \cdots i_p j_1 \cdots j_Q} = a_{i_1 \cdots i_p} b_{j_1 \cdots j_Q} \, \forall i_1, \cdots, i_p; j_1, \cdots, j_Q \qquad (2\text{-}13)$$

在分析高阶张量与矩阵的乘积时常采用三阶张量为例，三阶张量与矩阵的乘积又被叫作 Tucker 积，定义如下。

定义 2.12 三阶张量的 Tucker 积：三阶张量 $\mathcal{X} \in \Bbbk^{I_1 \times I_2 \times I_3}$ 分别和矩阵 $\boldsymbol{A} \in \Bbbk^{J_1 \times I_1}$ ，$\boldsymbol{B} \in \Bbbk^{J_2 \times I_2}$ ，$\boldsymbol{C} \in \Bbbk^{J_3 \times I_3}$ 的乘积，分别表示为 Tucker 模式-1 积、模式-2 积、模式-3 积，如式（2-14）~式（2-16）所示：

Tucker 模式-1 积：

$$(\mathcal{X}_1 \boldsymbol{A})_{j_1 i_2 i_3} = \sum_{i_1=1}^{I_1} \mathcal{X}_{i_1 i_2 i_3} A_{j_1 i_1}, \forall j_1, i_2, i_3 \qquad (2\text{-}14)$$

Tucker 模式-2 积：

$$(\mathcal{X}_2 \boldsymbol{B})_{i_1 j_2 i_3} = \sum_{i_2=1}^{I_2} \mathcal{X}_{i_1 i_2 i_3} B_{j_2 i_2}, \forall i_1, j_2, i_3 \quad\quad (2\text{-}15)$$

Tucker 模式-3 积：

$$(\mathcal{X}_3 \boldsymbol{C})_{i_1 i_2 j_3} = \sum_{i_3=1}^{I_3} \mathcal{X}_{i_1 i_2 i_3} C_{j_3 i_3}, \forall i_1, i_2, j_3 \quad\quad (2\text{-}16)$$

以此类推，可以表示出张量的 Tucker 模式-n 积。已知张量的模式-1 积可以表示成 $\mathcal{Y} = \mathcal{X}_1 \boldsymbol{A}$ 的形式，而三阶张量的模式-1 水平展开式和纵向展开的元素定义公式如式（2-17）和式（2-18）所示：

$$\boldsymbol{Y}_{j_1 i_2 i_3} = \sum_{i_1=1}^{I_1} \mathcal{X}_{i_1 i_2 i_3} \boldsymbol{A}_{j_1 i_1} = \sum_{i_1=1}^{I_1} \mathcal{X}_{i_1,(i_3-1)I_2+i_2}^{I_1 \times I_2 I_3} \boldsymbol{A}_{j_1 i_1} = (\boldsymbol{A}\mathcal{X}^{(I_1 \times I_2 I_3)})_{j_1,(i_3-1)I_2+i_2}$$
$$(2\text{-}17)$$

$$\boldsymbol{Y}_{j_1 i_2 i_3} = \sum_{i_1=1}^{I_1} \mathcal{X}_{i_1 i_2 i_3} \boldsymbol{A}_{j_1 i_1} = \sum_{i_1=1}^{I_1} \mathcal{X}_{(i_2-1)I_3+i_3,\ i_1}^{I_2 I_3 \times I_1} \boldsymbol{A}_{j_1 i_1} = (\mathcal{X}^{(I_2 I_3 \times I_1)} \boldsymbol{A}^{\mathrm{T}})_{(i_2-1)I_3+i_3, j_1}$$
$$(2\text{-}18)$$

由于 $\boldsymbol{Y}_{j_1,(i_3-1)I_2+i_2}^{(J_1 \cdot I_2 I_3)} = y_{j_1 i_2 i_3}$，$\boldsymbol{Y}_{(i_2-1)I_3+i_3, j_1}^{(I_2 I_3 \cdot J_1)} = y_{j_1 i_2 i_3}$，因此三阶张量的模式-1 积可以使用模式-1 扁平化矩阵表示：

$$\boldsymbol{Y}^{(J_1 \times I_2 I_3)} = (\mathcal{X}_1 \boldsymbol{A})(J_1 \times I_2 I_3) = \boldsymbol{A}\mathcal{X}^{(I_1 \times I_2 I_3)} \quad\quad (2\text{-}19)$$

$$\boldsymbol{Y}^{(I_2 I_3 \times J_1)} = (\mathcal{X}_1 \boldsymbol{A})(I_2 I_3 \times J_1) = \mathcal{X}^{(I_2 I_3 \times I_1)} \boldsymbol{A}^{\mathrm{T}} \quad\quad (2\text{-}20)$$

由此可见，三阶张量的模式-1 矩阵积 $\mathcal{X}_1 \boldsymbol{A}$ 相当于矩阵 $\boldsymbol{A}$ 与 $\mathcal{X}$ 的模式-1 水平展开 $\mathcal{X}^{(I_1 \times I_2 I_3)}$ 相乘，其乘积为 $\mathcal{X}_1 \boldsymbol{A}$ 的模式-1 水平展开，或等价于 $\mathcal{X}$ 的模式-1 的纵向展开式 $\mathcal{X}^{(I_2 I_3 \times I_1)}$ 与 $\boldsymbol{A}^{\mathrm{T}}$ 相乘，其乘积为 $\mathcal{X}_1 \boldsymbol{A}$ 的模式-1 纵向展开。

同理，可以得到模式-2 积，如式（2-21）所示：

$$\boldsymbol{Y}^{(J_2 \times I_3 I_1)} = \boldsymbol{B}\mathcal{X}^{(I_2 \times I_3 I_1)}$$

$$\boldsymbol{Y}^{(I_3 I_1 \times J_2)} = \mathcal{X}^{(I_3 I_1 \times I_2)} \boldsymbol{B}^{\mathrm{T}} \quad\quad (2\text{-}21)$$

模式-3 积如式（2-22）所示：

$$Y^{(J_3 \times I_1 I_2)} = C \mathcal{X}^{(I_3 \times I_1 I_2)}$$

$$Y^{(I_1 I_2 \times J_3)} = \mathcal{X}^{(I_1 I_2 \times I_3)} C^{\mathrm{T}} \qquad (2\text{-}22)$$

模式-2 积和模式-3 积具有相同的形式，均可得出同样的结论。

从张量的 Tucker 积可以推广到 n-模式矩阵积。

定义 2.13 张量 $\mathcal{X} \in \mathbb{R}^{I_1 \times I_2 \times \cdots \times I_N}$ 与 $J_n \times I_n$ 矩阵 $U^{(n)}$ 的 n-模式（矩阵）积记作 $\mathcal{X} \times U^{(n)}$，该张量的阶数为 $I_1 \times \cdots \times I_{n-1} \times J_n \times I_{n+1} \times I_N$，它的元素表示为式（2-23）的形式：

$$\left(\mathcal{X}_n U^{(n)} \right)_{i_1 \cdots i_{n-1} j i_{n+1} \cdots i_N} \overset{\mathrm{def}}{=} \sum_{i_n=1}^{I_n} x_{i_1 i_2 \cdots i_N} a_{j i_n} \qquad (2\text{-}23)$$

式中，$j = 1, \cdots, J_n$；$i_k = 1, \cdots, I_k$；$k = 1, \cdots, N$。

由此可知，一个 N 阶张量 $\mathcal{X} \in \mathbb{R}^{I_1 \times I_2 \times \cdots \times I_N}$ 与单位矩阵 I 的 n-模式积等于原张量，即

$$\mathcal{X}_n I_{I_n \times I_n} = \mathcal{X}$$

和三阶张量类似，N 阶张量 $\mathcal{X} \in \mathbb{R}^{I_1 \times I_2 \times \cdots \times I_N}$ 与矩阵 $U^{(n)} \in \mathbb{R}^{J_n \times I_n}$ 的 n-模式可以表示为

$$\mathcal{Y} = \mathcal{X} \times \mathcal{U}^{(n)} \Leftrightarrow Y_{(n)} = U^{(n)} \mathcal{X}_{(n)} \text{ 或 } Y^{(n)} = \mathcal{X}^{(n)} \times U^{(n)\mathrm{T}} \qquad (2\text{-}24)$$

式中，$\mathcal{X}^{(n)} = \mathcal{X}^{(I_n \times I_1 \cdots I_{n-1} I_{n+1} \cdots I_N)}$ 为 N 阶张量 $\mathcal{X} \in \mathbb{R}^{I_1 \times I_2 \times \cdots \times I_N}$ 的模式-n 水平展开，$\mathcal{Y}^{(n)} = \mathcal{X}^{(I_1 \cdots I_{n-1} I_{n+1} \cdots I_N \times I_n)}$ 为 N 阶张量 $\mathcal{X} \in \mathbb{R}^{I_1 \times I_2 \times \cdots \times I_N}$ 的模式-n 的纵向展开。

2.5 全变分正则化

全变分（Total Variation，TV），也被称为"全变差"，是信号去噪处理中常见的方法。当待去噪的信号是一维信号时，其能较好地保证信号曲线的光滑；当待去噪信号是二维信号时，如二维图像，则能良好地保持图像

的边缘。因此，全变分技术被广泛地用于遥感图像的去噪复原中。

一维信号的全变分可分为一维连续信号和一维离散信号。其中，一维连续函数 $f(x)$ 在 $[a, b]$ 的全变分可定义为式（2-25）的形式：

$$V_a^b(f) = \int_a^b |f'(x)| \, dx \qquad (2\text{-}25)$$

一维离散信号的全变分可定义为式（2-26）的形式：

$$V(y) = \sum_{i=1}^n |y_{i+1} - y_i| \qquad (2\text{-}26)$$

从一维信号的全变分定义可见，全变分的实质就是前后项之差的累加和，是一个数值，通过控制该数值来去除一维信号的噪声。该数值越小，则一维信号越平滑，噪声含量就越少，去噪效果越好；反之，如果全变分的值太大，则一维曲线的平滑效果就差，噪声含量高，去噪效果差。

在二维离散信号中使用全变分正则化约束，能在水平和垂直方向上降低梯度值，如二维图像中的 TV 能在去噪的同时保留图像边缘，从实验效果来看，全变分正则化约束在图像去噪方面具有良好的效果，其定义为

$$V(y) = \sqrt{\left|y_{i+1,j} - y_{i,j}\right|^2 + \left|y_{i,j+1} - y_{i,j}\right|^2} \qquad (2\text{-}27)$$

式（2-27）是非凸函数且不可微，求解难度大，因此不常用，取而代之的是式（2-28）：

$$V(y) = \sum_{i,j} \left|y_{i+1,j} - y_{i,j}\right| + \left|y_{i,j+1} - y_{i,j}\right| \qquad (2\text{-}28)$$

式（2-28）为凸函数，于是变成了凸函数的优化求解问题，凸函数便于优化求解，因此得到广泛的认可和应用。

将二维离散信号继续扩展到三维信号，全变分正则化约束依然能发挥去噪保留边缘的功效，因此，在三维的高光谱图像中，针对每个波段的图

像去噪时，也可采用全变分正则化约束。

2.6 ADMM 优化求解算法

算法模型建立后，模型的优化求解是一大难题，在此介绍一种常用的、有效的最优化算法——交替方向乘子法（Alternating Direction Method of Multipliers，ADMM）。ADMM 是增广拉格朗日算法的扩展和延伸，是一种目前可有效求解带约束的最优化问题的求解模型算法，具有功能强大和易解释的特点，可以将复杂的带约束的全局问题分解为较为简单的局部子问题，子问题之间通过迭代计算，能有效地获得模型的最优解，且具有良好的可分性与收敛性。

在高光谱图像的处理过程中，常面临大尺度的等式约束优化求解问题，其中 $x \in \mathbb{R}^n$ 的维数 n 较大。若向量 x 可分解成多个子向量，即 $x = (x_1, \cdots, x_r)$，且目标函数也可以分解成式（2-29）的形式：

$$f(x) = \sum_{i=1}^{r} f_i(x_i) \tag{2-29}$$

式中，$x_i \in \mathbb{R}^n$，且 $\sum_{i=1}^{r} n_i = n$，于是，大尺度的约束优化问题转化成了分布式优化问题（Distributed Optimization）。

在众多的优化算法中，交替方向乘子法在处理分布式凸优化的问题中更简单且高效。该算法模型采用分解坐标的方式，将优化问题的求解变成较小的局部子问题的求解，再将子问题的解以协同的方式用于恢复或重构大尺度的约束优化问题。

与目标函数 $f(x)$ 的分解对应，对等式约束的矩阵 A 也进行分块：$A = [A_1, \cdots, A_r]$，$A_x = \sum_{i=1}^{r} A_i x_i$。于是增广拉格朗日目标函数可写成：

$$L_P(x, \lambda) = \sum_{i=1}^{r} L_i(x_i, \lambda) = \sum_{i=1}^{r} \left\{ f_i(x_i) + \lambda^{\mathrm{T}} A_i x_i] - \lambda^{\mathrm{T}} b + \frac{\rho}{2} \left\| \sum_{i=1}^{r} (A_i x_i) - b \right\|_2^2 \right\} \tag{2-30}$$

采用对偶上升法，增广拉格朗日目标函数便成为可并行运算的分散算法（Decentralized Algorithm），即

$$x_i^{k+1} = \mathrm{argmin}L_i(x_i, \lambda_i), \ i = 1, \cdots, r$$

$$\lambda_{k+1} = \lambda_k + \rho_k \left(\sum_{i=1}^{r} A_i x_i^{k+1} - b \right) \tag{2-31}$$

式中，$x_i(i = 1, \cdots, r)$ 可以独立地并行更新。因为 $x_i(i = 1, \cdots, r)$ 是交替的方式更新，所以这种增广拉格朗日乘子法又被叫作"交替方向乘子法"，即 ADMM 优化算法模型。在实际应用中，$r = 2$ 时的目标函数分解最简单且有效，应用广泛，如式（2-32）所示：

$$\min f(x) + g(z)\mathrm{subject\ to}\ Ax + Bz = \boldsymbol{C} \tag{2-32}$$

式中，$\mathcal{X} \in \mathbb{R}^n$，$Z \in \mathbb{R}^n$，$\boldsymbol{A} \in \mathbb{R}^{p \times n}$，$\boldsymbol{B} \in \mathbb{R}^{p \times m}$，$\boldsymbol{C} \in \mathbb{R}^p$。则增广拉格朗日目标函数为

$$L_p(x, z, \lambda) = f(x) + g(z) + \lambda^{\mathrm{T}}(\boldsymbol{A}x + \boldsymbol{B}z - \boldsymbol{C}) + \frac{\rho}{2} \|\boldsymbol{A}x + \boldsymbol{B}z - C\|_2^2 \tag{2-33}$$

由此可知，最优化条件分为原始可行性 $\boldsymbol{A}x + \boldsymbol{B}z - \boldsymbol{C} = 0$ 和对偶可行性，如式（2-34）所示：

$$0 \in \partial f(x) + \boldsymbol{A}^{\mathrm{T}}x + \rho(\boldsymbol{A}x + \boldsymbol{B}z - \boldsymbol{C}) = \partial f(x) + \boldsymbol{A}^{\mathrm{T}}\lambda$$

$$0 \in \partial f(z) + \boldsymbol{B}^{\mathrm{T}}z + \rho(\boldsymbol{A}x + \boldsymbol{B}z - \boldsymbol{C}) = \partial g(z) + \boldsymbol{B}^{\mathrm{T}}\lambda \tag{2-34}$$

式中，$\partial f(x)$ 和 $\partial g(z)$ 分别是子目标函数 $f(x)$ 和 $g(z)$ 的次微分。

优化问题 $\min L_p(x, z, \lambda)$ 交替方向乘子法的更新公式为

$$x_{k+1} = \underset{x \in \mathbb{R}^n}{\mathrm{argmin}} \ L_\rho(x, z_k, \lambda_k) \tag{2-35}$$

$$z_{k+1} = \underset{z \in \mathbb{R}^n}{\mathrm{argmin}} \ L_\rho(x_{k+1}, z, \lambda_k) \tag{2-36}$$

$$\lambda_{k+1} = \lambda_k + \rho_k (A x_{k+1} + B z_{k+1} - b) \tag{2-37}$$

原始可行性不可能严格满足，其误差 $x_k = A x_{k+1} + B z_k - b$ 称为第 k 次迭代的原始残差（向量），于是拉格朗日乘子向量的更新可以简写为

$$\lambda_{k+1} = \lambda_k + \rho_k r_{k+1} \tag{2-38}$$

同理，对偶可行性也不可能严格满足，从而可知 $s_{k+1} = \rho A^{\mathrm{T}} B (z_k - z_{k+1})$ 为对偶可行性的误差，故称为第 $k+1$ 次迭代的对偶残差（向量）。

交替方向乘子法的停止准则为

$$\| r_{k+1} \|_2 \leqslant \varepsilon_{\mathrm{pri}}, \| s_{k+1} \|_2 \leqslant \varepsilon_{\mathrm{dual}} \tag{2-39}$$

式中，$\varepsilon_{\mathrm{pri}}$ 和 $\varepsilon_{\mathrm{dual}}$ 分别是原始可行性和对偶可行性的允许扰动。

如果令 $v = (1/\rho)\ \lambda$ 是经过 $1/\rho$ 缩放的拉格朗日乘子向量，即缩放对偶向量，则式（2-34）～式（2-36）可变形为式（2-40）～式（2-42）的形式：

$$x_{k+1} = \underset{x \in \mathcal{R}^n}{\arg \min} (f(x) + (\rho / 2) \| A x + B z_k - c + v_k \|_2^2) \tag{2-40}$$

$$z_{k+1} = \underset{x \in \mathcal{R}^m}{\arg \min} (g(z) + (\rho / 2) \| A x_{k+1} + B z_k - c + v_k \|_2^2) \tag{2-41}$$

$$v_{k+1} = v_k + A x_{k+1} + B z_{k+1} - c = v_k + r_{k+1} \tag{2-42}$$

式（2-40）～式（2-42）被称为"无缩放的交替方向乘子法"，而式（2-35）至式（2-37）被称为"缩放形式的交替方向乘子法"。

ADMM 优化算法通过引入辅助变量先将无约束问题转化为有约束问题，然后利用增广拉格朗日目标函数转化为框架子问题，再计算有约束最优化问题。由于算法具备良好的处理性能，通用性强，适用范围广，非常适合约束优化的图像处理模型求解，并且算法可划分为子问题进行并行化处理，因此该算法在处理大规模图形问题时，能获得较高的效率。

2.7 相关的对比算法

本书提出了 4 种去除高光谱噪声的算法模型，为了验证该 4 种算法模型的效能和优势，引入了当前较典型的多种算法参与对比分析。通过和引入的算法模型的对比，从而获得直观的视觉对比、客观的参数对比、图表的曲线分析对比等，从而有效地论证本书中提出的算法模型的有效性和先进性。

2.7.1 单向全变分算法模型

单向全变分（Unidirectional Total Variation，UTV）是 Bouali 和 Ladjal 于 2011 年提出的去噪模型，UTV 在 TV 的基础上发展而来，基于 TV 理论的框架下构造能量泛函，保留图像水平方面偏导数，减少垂直方向偏导数，通过最小化能量泛函得到去噪图像。其模型如式（2-43）所示：

$$E(u) = \left\| \nabla_x(u - I) \right\|_1 + \lambda \left\| \nabla_y u \right\|_1 \qquad (2\text{-}43)$$

式中，$\|\|_1$ 为向量 ℓ_1 范数；λ 为正则化参数；∇_x 和 ∇_y 分别代表水平方向和垂直方向微分算子。对于含条带噪声的图像 n 满足关系式：

$$\int_\Omega \left| \frac{\partial n(x,y)}{\partial x} \right| \mathrm{d}x\mathrm{d}y = \int_\Omega \left| \frac{\partial n(x,y)}{\partial y} \right| \mathrm{d}x\mathrm{d}y \qquad (2\text{-}44)$$

基于 TV，则 n 将满足 $TV_x((n) = TV_y(n))$。TV_x 表示水平方向的全变分，TV_y 表示垂直方向的全变分，为了去除条带噪声，基于 TV 模型，利用泛函实现：

$$E(u) = TV_X(u - I_n) + \lambda TV_y(u) \qquad (2\text{-}45)$$

式中，λ 则化参数，它决定了垂直方向上的平滑度。能量泛函式（2-45）也可写成式（2-46）的形式：

$$E(u) = \int_{\Omega} \left[\sqrt{\left(\frac{\partial(u - I_n)}{\partial x} \right)^2} + \lambda \sqrt{\left(\frac{\partial u}{\partial y} \right)^2} \right] \mathrm{d}x\mathrm{d}y \qquad （2\text{-}46）$$

从式（2-46）可见，根据不同的需要可衍生出其他的泛函，都是对惩罚系数或者正则化参数的修改，或者对所采用的范数形式的修改。为了去除条带噪声，结合全变分理论需满足两个条件：

条件 1：对图像所包含的方向信息进行分配，选择作为退化或者正则化项处理。

条件 2：无论是退化项还是正则化项均需保证处理后的图像不能产生过平滑，可以通过添加保真项来实现。

单项全变分算法模型在面对具有方向性的噪声时表现出较好的性能，所以在面对高光谱图像中的周期性条带噪声时具有突出的优势，它将条带噪声视为不适定问题，通过最小化能量泛函实现求解获得无噪分量，从而达到去除条带噪声的目的，其模型在仿真和实际实验中均表现出良好的性能，经常作为去噪模型的正则化约束项，是去除条带噪声的常用方法。

2.7.2 RBSD 算法模型

加权块稀疏去条带噪声算法模型（Reweighted Block Sparsity Destriping，RBSD）是 2019 年 Wang 等人提出的条带噪声去除模型，它利用了加权块稀疏和 UTV 正则化约束提高图像变化区域的局部平滑度，将条纹层沿条纹垂直方向分割成若干个块，提高了每个块的组稀疏度，并通过更新权值自适应地控制稀疏度，它的模型为：

$$\underset{S}{\arg\min} \| 1,1 + \lambda_1 \sum_{i=1}^{s} \| S_i \|_{w,2,1} + \lambda_2 \| \nabla_x (Y - S) \|_{1,1} \qquad （2\text{-}47）$$

式中，$\| S_i \|_{w,2,1} = \sum_{j=1}^{n} w_{i,j} \| S_i^{[j]} \|_2$，其算法如下所示。

算法 2.1 RBSD 算法模型

输入：观测图像 Y，参数 λ_1、λ_2 和 β；

初始化：$\boldsymbol{S}^1 = \boldsymbol{D}^1 = \boldsymbol{Q}^1 = \boldsymbol{V}^1 = \boldsymbol{P}_1^1 = \boldsymbol{P}_2^1 = \boldsymbol{P}_3^1 = 0$，$\boldsymbol{S}^0 = \boldsymbol{Y}, \varepsilon = 10^{-4}$，$maxiter = 1000$，$l = 0$；

1　While（$\| \boldsymbol{S}^{l+1} - \boldsymbol{S}^l \|_{\mathrm{F}} / \| \boldsymbol{S}^l \|_{\mathrm{F}} > \varepsilon$　and　$k \leqslant maxiter$）DO

2　　$l = l + 1$；

3　　$w_{i,j} = \dfrac{1}{\| (S_j^l)^{[i]} \|_2 + \varepsilon}$；

4　　通过 $\boldsymbol{D}^{l+1} = shrink\left(\nabla_y \boldsymbol{S}^l + \dfrac{\boldsymbol{P}_1^l}{\beta}, \dfrac{1}{\beta} \right)$，$(Q_i^{[j]})^{l+1} = \max\left(\| r_{i,j} \|_2 - \dfrac{\lambda_1 w_{i,j}}{\beta}, 0 \right) \dfrac{r_{i,j}}{\| r_{i,j} \|_2}$

和 $\boldsymbol{V}^{l+1} = shrink\left(\nabla_x (\boldsymbol{Y} - \boldsymbol{S}^l) + \dfrac{\boldsymbol{P}_3^l}{\beta}, \dfrac{\lambda_2}{\beta} \right)$ 更新 $\boldsymbol{D}^{l+1}, \boldsymbol{Q}^{l+1}$ 和 $\boldsymbol{V}^{l+1}$；

5　　通 过 $(\nabla_y^{\mathrm{T}} \nabla_y + I + \nabla_x^{\mathrm{T}} \nabla_x) \boldsymbol{S} = \nabla_y^{\mathrm{T}}\left(\boldsymbol{D}^{l+1} - \dfrac{\boldsymbol{P}_1^l}{\beta} \right) + \left(\boldsymbol{Q}^{l+1} - \dfrac{\boldsymbol{P}_2^l}{\beta} \right) + \nabla_x^{\mathrm{T}}\left(\nabla_x \boldsymbol{Y} - \right.$

$\left. \boldsymbol{V}^{l+1} + \dfrac{\boldsymbol{P}_3^l}{\beta} \right)$ 更新 $\boldsymbol{S}^{l+1}$；

6　　通过 $\begin{cases} \boldsymbol{P}_1^{l+1} = \boldsymbol{P}_1^l + \beta(\nabla_y \boldsymbol{S}^{l+1} - \boldsymbol{D}^{l+1}) \\ \boldsymbol{P}_2^{l+1} = \boldsymbol{P}_2^l + \beta(\boldsymbol{S}^{l+1} - \boldsymbol{Q}^{l+1}) \\ \boldsymbol{P}_3^{l+1} = \boldsymbol{P}_3^l + \beta(\nabla_x \boldsymbol{Y} - \nabla_x \boldsymbol{S}^{l+1} - \boldsymbol{V}^{l+1}) \end{cases}$　　更新乘数 $\boldsymbol{P}_1^{l+1}$、$\boldsymbol{P}_2^{l+1}$ 和 $\boldsymbol{P}_3^{l+1}$；

7　End Do

8　复原后的图像 $\boldsymbol{U} = \boldsymbol{Y} - \boldsymbol{S}^{l+1}$；

9　输出：复原后的图像 $\boldsymbol{U}$ 的分量 $\boldsymbol{S}^{l+1}$。

根据算法 2.1 所示的算法过程，采用 ADMM 交替乘子法对式（2-47）优化求解，引入了 3 个量辅助求解，分别是：$\boldsymbol{D} = \nabla_y \boldsymbol{S}$，$\boldsymbol{Q} = \boldsymbol{S}$ 和 $\boldsymbol{V} = \nabla_x (\boldsymbol{Y} - \boldsymbol{S})$。于是，式（2-47）便可表示成（2-48）的形式。

$$\underset{S,D,Q,V}{\arg\min} \| D \|_{1,1} + \lambda_1 \sum_{i=1}^{S} \| Q_i \|_{w,2,1} + \lambda_2 \| V \|_{1,1}$$

$$\text{s.t.} \quad \boldsymbol{D} = \nabla_y \boldsymbol{S}, \boldsymbol{Q} = \boldsymbol{S}, \boldsymbol{V} = \nabla_x (\boldsymbol{Y} - \boldsymbol{S}) \tag{2-48}$$

式中，$\|Q_i\|_{w,2,1}=\sum_{j=1}^{n}w_{i,j}\|Q_i^{[j]}\|_2$，$w_{i,j}=\dfrac{1}{\|S_i^{[j]}\|_2+\varepsilon}$。由此得到式（2-48）的增广拉格朗日函数，即

$$L(D,Q,V,S,P_1,P_2,P_3)=\|D\|_{1,1}+\frac{\beta}{2}\left\|\nabla_yS-D+\frac{P_1}{\beta}\right\|_F^2+\lambda_1\sum_{i=1}^{S}\|Q_i\|_{w,2,1}+$$

$$\frac{\beta}{2}\left\|S-Q+\frac{P_2}{\beta}\right\|_F^2+\lambda_2\|V\|_{1,1}+\frac{\beta}{2}\left\|\nabla_x(Y-S)+V+\frac{P_3}{\beta}\right\|_F^2 \qquad （2-49）$$

利用 ADMM 交替乘子法将式（2-49）的非凸优化求解的复杂问题分解成多个子问题，然后采用迭代法进行反复迭代，从而实现优化求解，最终获得最优解。

通过仿真实验和实际数据实验，RBSD 算法模型实验结果表明该算法模型在如下方面表现突出：

（1）RBSD 算法模型能较好地去除高光谱图像普遍存在于波段中的条带噪声，无论是周期条带噪声还是非周期条带噪声，RBSD 均能较好地提取条带噪声分量，从而较好地获得地址分量，即能获得较好的图像复原效果。

（2）RBSD 算法模型采用该算法进行去除条带噪声时，能获得较好的主观视觉效果，消除条带噪声的干扰，获得良好的图像复原视觉效果。

（3）RBSD 算法模型在去除条带噪声后还能获得较好的客观评价值，如峰值信噪比（PSNR）和结构相似性（SSIM）值。

RBSD 算法在去除水平条带和垂直条带的时候表现出良好的综合效果，因此成为条带噪声去除研究的重要参考方法。但是 RBSD 算法采用了 UTV 技术，也存在明显不足，如在去除斜条带噪声时表现不好，斜条带分量提取效果差从而导致图像复原效果较差。

2.7.3　WDLRGS 算法模型

小波域低秩 / 群稀疏去除条带噪声的算法模型（Wavelet Domain Low-Rank/Group-Sparse Destriping for Hyperspectral Imagery，WDLRGS），主要针对高光谱图像的条带噪声的去除，通过在多分辨率的三维离散小波变换域进行低秩组稀疏分解达到去除条带噪声的目的，其核心思路包含两部分：

（1）对高光谱图像进行小波变换，将数据变换到三维小波空频域；

（2）对变换后的小波进行分析，对垂直的条带分量进行低秩组稀疏分解，将含噪的分量去除，保留无噪分量并进行小波逆变换，重构无条带噪声图像。

WDLRGS 的模型如下：

$$\min_{S,L} \sum_{n=1}^{N'} w_n \| s_n \|_2 + \lambda \| L \|_*, \ \text{s.t.} \quad F = L + S \qquad （2\text{-}50）$$

为了便于采用 ADMM 算法进行优化求解，对式（2-50）进行改写，变换成式（2-51）的形式：

$$\min_{S,L} \sum_{n=1}^{N'} w_n \| s_n \|_2 + \lambda \| L \|_* + \langle Q, \text{F-L-S} \rangle_F + \frac{\mu}{2} \| \text{F-L-S} \|_F^2 \qquad （2\text{-}51）$$

式中，$\mu > 0$ 是一个惩罚参数。ADMM 将式（2-51）的优化求解问题分解成多个子问题进行交替迭代求解。其优化计算的步骤如下：

算法 2.2　ADMM 对 WDLRGS 迭代优化求解

基础参数输入：波段切片 $\boldsymbol{F}$，其中 $\boldsymbol{F}$ 满足条件 $\boldsymbol{F} \in R^{M' \times N'}$，正则化参数 λ，惩罚参数步长值 $\mu^{(0)}$，惩罚更新参数 ρ，最大惩罚参数 $\rho_{\max}$，最大迭代次数 I_{MAX}，阈值 η；

初始化：$\boldsymbol{Q}^{(0)} = 0; \boldsymbol{L}^{(0)} = 0; \boldsymbol{S}^{(0)} = 0, i = 0$；

1　重复；

2　循环开始，for column n=1 to n'

3 $w_n = 1/\| f_n \|_2$;

4 $s_n^{(i+1)} = G_{w_n/\mu^{(i)}}\left[f_n - I_n^{(i)} + \dfrac{1}{\mu^{(i)}} q_n^{(i)} \right]$;

5 循环结束；

6 $\boldsymbol{L}^{(i+1)} = \boldsymbol{D}_{\lambda/\mu^{(i)}}\left[\boldsymbol{F} - \boldsymbol{S}^{(i+1)} + \dfrac{1}{\mu^{(i)}} \boldsymbol{Q}^{(i)} \right]$;

7 $\boldsymbol{Q}^{(i+1)} = \boldsymbol{Q}^{(i)} + \mu^{(i)}(\boldsymbol{F} - \boldsymbol{L}^{(i+1)} - \boldsymbol{S}^{(i-1)})$;

8 $\mu^{(i+1)} = \min\{\rho\mu^{(i)},\ \mu_{\max}\}$;

9 $i = i+1$;

10 until $(\| \boldsymbol{L}^{(i)} - \boldsymbol{L}^{(i-1)} \|_{\mathrm{F}} < \eta\ \text{ and }\ \| \boldsymbol{S}^{(i)} - \boldsymbol{S}^{(i-1)} \|_{\mathrm{F}} < \eta)\ \text{ or }\ i > I_{\max}$;

11 return $\boldsymbol{S} = \boldsymbol{S}^{(i)}$ and $\boldsymbol{L} = \boldsymbol{L}^{(i)}$

将复杂的求解问题分解成多个简单的子问题，子问题之间利用相互迭代完成优化求解，上述的算法展示 ADMM 对 WDLRGS 迭代优化求解的方法和过程。对于优化求解的效果，通过实验证明 WDLRGS 模型能较好地去除高光谱图像中的条带噪声，保留图像的主成分和细节，提高了图像质量，获得良好的复原效果。

2.7.4 TVNLR 算法模型

单向全变分和非凸低秩模型（TV and Nonconvex Low-Rank，TVNLR），是 Yang 等人在 2020 年提出联合构建去条带模型，其核心是在低秩理念的基础上结合了单项全变分作为约束项，使得模型在降低阶梯效应的基础上，利用交替乘子法 ADMM 求解低秩分量，分离出条带噪声分量，实现无噪图像的复原，获得较好的去条带效果。它的模型可表示成式（2-52）的形式：

$$\boldsymbol{Y} = \boldsymbol{U} + \boldsymbol{S} + \boldsymbol{N} \tag{2-52}$$

式中，$\boldsymbol{Y}$ 表示含噪的观测图像；$\boldsymbol{U}$ 表示低秩分量即复原图像；$\boldsymbol{S}$ 表示条带噪声；$\boldsymbol{N}$ 表示混入图像中的高斯白噪声，其中，$\boldsymbol{Y}$、$\boldsymbol{U}$、$\boldsymbol{S}$、$\boldsymbol{N} \in \mathbb{R}^{m \times n}$。在

TVNLR 模型中，分别利用 UTV 抑制光滑子空间，Schatten 1/2 范数表征低秩条纹噪声，所以式（2-52）的 TVNLR 模型可以表示成式（2-53）的形式：

$$\underset{U,S}{\arg\min}\frac{1}{2}\parallel U+S-Y\parallel_{\mathrm{F}}^{2}+\lambda_1\parallel S\parallel_{S_{1/2}}^{1/2}+\lambda_2\parallel D_xU\parallel_1+\lambda_3\parallel D_{xx}^2U\parallel_1 \quad（2\text{-}53）$$

式中，$\parallel U+S-Y\parallel_{\mathrm{F}}^{2}$ 是数据保真项；$\lambda_1\parallel S\parallel_{S_{1/2}}^{1/2}$、$\lambda_2\parallel D_xU\parallel_1$、$\lambda_3\parallel D_{xx}^2U\parallel_1$ 是正则化约束项，通过引入三个辅助变量：$D_1=S$，$D_2=D_xU$，$D_3=D_{xx}^2U$，于是式（2-53）就可改写成式（2-54）的形式：

$$E(U,S)=\frac{1}{2}2\parallel U+S-Y\parallel_{\mathrm{F}}^{2}+\lambda_1\parallel D_1\parallel_{S_{1/2}}^{1/2}+\lambda_2\parallel D_2\parallel_1+\lambda_3\parallel D_3\parallel_1$$

$$\text{s.t. } D_1=S,D_2=D_x,D_3=D_{xx}^2U \quad（2\text{-}54）$$

式（2-54）的增广拉格朗日函数如式（2-55）所示：

$$L(U,S,D_1,D_2,J_1,J_2,J_3)=\frac{1}{2}\parallel U+S-Y\parallel_{\mathrm{F}}^{2}+\lambda_1\parallel D_1\parallel_{S_{1/2}}^{1/2}+\lambda_2\parallel D_2\parallel_1+$$

$$\lambda_3\parallel D_3\parallel_1+\frac{\delta}{2}\left\|D_1-S-\frac{J_1}{\delta}\right\|_{\mathrm{F}}^{2}+\frac{\gamma}{2}\left\|D_2-D_xU-\frac{J_2}{\gamma}\right\|_{\mathrm{F}}^{2}+\frac{C}{2}\left\|D_3-D_{xx}^2-\frac{J_3}{C}\right\|_{\mathrm{F}}^{2}$$

$$（2\text{-}55）$$

利用 ADMM 交替乘子法将式（2-55）的复杂问题分解成多个简单的子问题，子问题之间通过迭代法进行优化求解，其求解的算法如下所示。

算法 2.3　TVNLR 的优化求解

算法过程：利用 ADMM 求解 TVNLR 模型的过程；

输入：含噪的观测图像 Y，参数 λ_1、λ_2、λ_3；

初始化：$U=Y$，$S=0$，D_1、D_2、D_3，J_1，J_2，$J_3\in 1e-5, maxiter=300$；

1　While（$\parallel U^{K+1}-U^K\parallel_{\mathrm{F}}/\parallel U^K\parallel_{\mathrm{F}}>\varepsilon$ and $k\leqslant maxiter$）DO；

2　通过 $\begin{bmatrix}P & 1\\ 1 & 1+\delta_1\end{bmatrix}\begin{bmatrix}U\\ S\end{bmatrix}=\begin{bmatrix}Q\\ Y+\delta I\left(D_1^K-\dfrac{J_1^K}{\delta}\right)\end{bmatrix}$ 更新（U^{K+1},S^{K+1}）；

3　　通过 $D_1^{K+1} = UH_\lambda(\Sigma)V^T$ 更新 D_1^{K+1}；

4　　通过 $D_2^{K+1} = \max\left(\left|D_xU^{K+1} + \dfrac{J_2^K}{\gamma}\right| - \dfrac{\lambda_2}{\gamma}, 0\right) \circ \dfrac{D_xU^{K+1} + \dfrac{J_2^K}{\gamma}}{\left|D_xU^{K+1} + \dfrac{J_2^K}{\gamma}\right|}$ 和 $D_3^{K+1} =$

$\max\left(\left|D_{xx}^2U^{K+1} + \dfrac{J_3^k}{c}\right| - \dfrac{\lambda_3}{c}, 0\right) \circ \dfrac{D_{xx}^2U^{K+1} + \dfrac{J_3^K}{c}}{\left|D_{xx}^2U^{k+1} + \dfrac{J_3^k}{c}\right|}$ 更新 D_2^{K+1} 和 D_3^{K+1}；

5　　通过
$$
\begin{cases}
(U^{K+1}, S^{K+1}) = \arg\min\limits_{U,S} L(U, S, D_1^K, D_2^K, D_3^K, J_1^K, J_2^K, J_3^k), \\
(D_1^{K+1}, D_2^{K+1}, D_3^{K+1}) = \arg\min\limits_{D_1, D_2, D_3} L(U^{K+1}, S^{K+1}, D_1, D_2, D_3, J_1^K, J_2^K, J_3^k) \\
J_1^{K+1} = J_1^K + \delta(D_1^{K+1} - S^{K+1}), \\
J_2^{K+1} = J_2^K + \gamma(D_2^{K+1} - D_xU^{K+1}), \\
J_3^{K+1} = J_3^k + C(D_3^{K+1} - D_{XX}^2U^{K+1})
\end{cases}
$$
更新 J_1^{K+1}，J_2^{K+1} 和 J_3^{k+1}；

6　　End DO

输出：得到复原图像 U^{K+1} 和噪声分量 S^{K+1}。

通过算法 2.3，将 TVNLR 模型从复杂的非凸计算问题分解成了多个凸优化子问题，通过交替迭代能有效地获得模型的最优解。从大量的仿真实验数据和真实实验数据可知，TVNLR 模型在去除条带噪声方面具有良好的效果，能有效地从观测图像中分离出条带噪声分量，通过 ADMM 交替乘子法能获得低秩分析及复原图像，从实验的直观效果和客观评价标准评价来看，TVNLR 算法模型表现出良好的去条带噪声效果。

2.8　高维图像质量评价方法

高光谱图像易被多种噪声感染而变成含噪图像，经过去噪复原后的图像质量好坏，需要用一定的标准进行评价，这就是所谓的图像质量评价方法。它是去噪复原算法模型性能好坏的客观衡量标准，也是研究者重点关注的技术指标。

佟雨兵等强调了 PSNR 和 SSIM 的客观合理性；张晓红等对高光谱图像进行画质评价时采用 PSNR、SSIM 指标；邢晓达等着重分析了 PSNR 作为高光谱图像质量评价的意义和优势；陈尉钊等将 PSNR 和 SSIM 作为高光谱图像质量的评价指标，并据此作为选择图像波段的唯一依据；徐冬宇等提出了多种高光谱图像质量的评价方法和评价指标，其中核心的评价指标包括了 PSNR 和 SSIM。从大量的研究者的成果可见，PSNR 和 SSIM 是评价指标中的主要指标。

本书针对高光谱图像的特点和实际情况，采用了如下三种方式进行评价，这三种方式能从不同的角度实现去噪效果评价。

2.8.1　主观观察法

主观观察法是指对处理效果进行直观的视觉观察，主观地对图像的质量进行视觉比较，从而获得评价结果。这是图像处理研究中常用的方法之一，这种方法可能会因为研究者所处的研究角度不同而有所变化，具有一定的主观性。但是该方法简单、直观，成为当前一种公认的、有效的评价方法。

2.8.2　客观指标法

传统的二维图像的质量评价方法较多，主要采用 PSNR 和 SSIM 作为图像质量的评价标准，全面的质量评价往往是二者的联合。对于高光谱图像，它是连续多个波段构成的图像立方体，因此，抽取某一个波段的图像进行评价是片面的、不合理的。因此，应将 PSNR、SSIM 和高光谱图像结合起来，以高光谱图像的所有波段作为评价对象，对每个波段进行 PSNR 和 SSIM 计算后求其均值，最终得到基于所有波段均值的 MPSNR 和 MSSIM 指标。

1. 峰值信噪比 PSNR 和平均峰值信噪比 MPSNR

峰值信噪比是通过均方差来表达的，而均方差表征了图像中像素的整体偏差情况，均方差的数学模型如式（2-56）所示：

$$MSE = \frac{1}{mn} \sum_{i=0}^{m-1} \sum_{j=0}^{n-1} \left\| I(i,j) - K(i,j) \right\|^2 \tag{2-56}$$

峰值信噪比和均方差 MSE 呈现反比关系，即均方差 MSE 越大，则峰值信噪比 PSNR 越小，反之均方差 MSE 越小，才能获得较好的峰值信噪比 PSNR。峰值信噪比的数学模型如式（2-57）所示：

$$PSNR = 10 \cdot \log_{10} \left(\frac{MAX^2}{MSE} \right) = 20 \cdot \log_{10} \left(\frac{MAX}{\sqrt{MSE}} \right) \tag{2-57}$$

式中，MAX 表示图像中的颜色最大值，$PSNR$ 的值越大，失真就越小。

平均峰值信噪比的数学模型如式（2-58）所示：

$$MPSNR = \frac{1}{n} \sum_{i=1}^{i=n} PSNR_i \quad (i=1,\ 2,\ 3\cdots n) \tag{2-58}$$

2. 结构相似性指标 SSIM

结构相似性指标从三个维度进行比较，分别是亮度（luminance）、对比度（contrast）和结构（structure）。SSIM 的结构如图 2.7 所示。

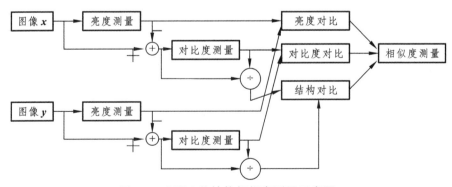

图 2.7　SSIM 的结构相似度测量示意图

从图 2.7 可见，SSIM 通过亮度、对比度和结构这三个参考量进行建模的，各参考量的数学模型如式（2-59）~ 式（2-61）所示。

亮度相似度（luminance）可表示为

$$l(x, y) = \frac{2u_x u_y + C_1}{u_x^2 + u_y^2 + u^2} \qquad (2\text{-}59)$$

对比相似度可表示为

$$c(x, y) = \frac{2\sigma_x \sigma_y + C_1}{\sigma_x^2 + \sigma_y^2 + \sigma^2} \qquad (2\text{-}60)$$

结构相似度可表示为

$$s(x, y) = \frac{\sigma_{xy} + C_3}{\sigma_x \sigma_y + C_3} \qquad (2\text{-}61)$$

式中，$\sigma_x = \left(\dfrac{1}{H + W - 1} \sum_{i=1}^{H} \sum_{j=1}^{M} (X(i, j) - \mu x)^2 \right)^{\frac{1}{2}}$。

由上面三式，SSIM 模型为

$$\begin{aligned} SSIM(x, y) &= f(l(x, y), c(x, y), s(x, y)) \\ &= [l(x, y)]^\alpha [c(x, y)]^\beta [s(x, y)]^\gamma \end{aligned} \qquad (2\text{-}62)$$

当 SSIM 用于高光谱图像时，将波段中每个图像的 SSIM 值进行均值运算，便可得出全波段的平均结构相似度，用 $MSSIM$ 表示，其数据模型为

$$MSSIM = \frac{1}{n} \sum_{i=1}^{i=n} SSIM_i \quad (i = 1, 2, 3, \cdots, n) \qquad (2\text{-}63)$$

MPSNR 和 MSSIM 指标的联合评价，不仅从峰值信噪比和结构相似性这两方面全面评价了图像的画质，同时所有波段的图像均参与评价并取平均值得到 MPSNR 和 MSSIM，这两个指标能整体反映高光谱图像的所有波段的画质，具有全覆盖性和合理性。

3. 光谱角距离

在某些特定应用研究环境中，部分研究者也采用光谱角距离（Spectral Angle Distance，SAD）来度量测试图像与参照图像光谱相似性。SAD 主要针对高光谱图像这种图谱合一的图像进行质量评价，它从高光谱图像之间的光谱角距离的角度进行质量评价。已知图像 f 和 g，二者之间的 SAD 值的计算如式（2-64）所示：

$$SAD(f,g) = \frac{180}{\pi} \cos^{-1}\left(\frac{f^{\mathrm{T}}g}{\|f\|\|g\|}\right) \qquad (2\text{-}64)$$

SAD 的值域为 $0° \sim 90°$，角度越小则说明测试图像 f 和参照图像 g 的谱越接近。但是高光谱图像是连续多波段图像立方体，为了衡量该图像立方体的整体 SAD 值，针对高光谱图像往往采用平均 SAD 值的形式，如式（2-65）所示：

$$\overline{SAD} = \frac{1}{n}\sum_{i=1}^{n} SAD_i \qquad (2\text{-}65)$$

式中，$\overline{SAD}$ 表示高光谱所有波段的平均光谱角距离；n 代表高光谱图像中的波段数；SAD_i 代表 f 和 g 对应的某一波段的光谱角距离。

2.8.3 图表法

为了增加图像质量的直观性，通常对处理结果的数据进行绘图，通过图中的曲线来体现图像的质量，如采用 MPSNR、MSSIM 或者 $\overline{SAD}$ 等指标进行绘图，便能通过图中的曲线直观得到图像的整体质量，从而验证去噪模型的有效性、优良性。目前，高光谱图像质量评价的主要指标是平均峰值信噪比 MPSNR 和平均结构相似度 MSSIM。

在实际的分析、实验和研究过程中，考核指标应遵循权威、客观、合理且全面的原则，在参考传统约定的考核指标的情况下，可根据实际的研究对象和研究环境，以考核指标为对象制定综合的评价方法和评价模型。

2.9　本章小结

在本章中，针对高维图像的修复补全的相关理论、同类模型、相关方法及知识进行了详细的叙述和分析。其中，低秩稀疏理论不仅适用于二维图像，也适用于高维图像，因为高维图像也存在明显的稀疏性和自相似性。

高光谱图像是高维图像的典型代表，也是高维图像中的重要分支，采用张量对高光谱的问题进行分析和处理能获得较好的效果，产生了多种典型的算法，如全变分（Total Variation，TV）算法、单向全变分 UTV（Unidirectional Total Variation，UTV）、加权块稀疏去条带噪声算法模型（Reweighted Block Sparsity Destriping，RBSD）、小波域低秩/群稀疏去除条带噪声的算法模型（Wavelet Domain Low-Rank/Group-Sparse Destriping for Hyperspectral Imagery，WDLRGS）、单向全变分和非凸低秩模型（TV and Nonconvex Low-Rank，TVNLR）以及用于优化求解的交替乘子法（alternating direction method of multipliers，ADMM）。这些同类算法主要用于高维图像的算法模型的对比分析，从而获得客观的对比结果以衡量算法模型的优越性。

第 3 章

基于加权块稀疏联合非凸低秩约束的高光谱图像去条带方法

　　高光谱图像（Hyperspectral Images，HSI）是典型的高维数据，它在二维平面图像的基础上增加了第三维，即光谱维，由于光谱维中包含数百乃至上千的连续窄波段，每个波段都能以图像的形式记录遥感信息，因此，高光谱图像能够记录遥感信息的丰富细节，这是其典型特点和优势。然而，正因为高光谱图像具有波段多的特点，在某些波段中极容易出现一种呈方向分布的条带噪声（Striping Noise），条带噪声的存在严重影响了高光谱图像的画质和图像信息，直接影响了高光谱图像的后续应用，甚至当条带噪声比较严重时，可直接导致图像的不可用。因此，在图像预处理时，必须去除条带噪声。

3.1　条带噪声的产生

　　高光谱成像仪的核心成像部件是 CCD（电荷耦合器件）图像传感器，该传感器能将光辐射转换成电信号，从而可进一步转换成数字信息。在高光谱成像仪中往往阵列部署了大量的 CCD 传感器，又被称为 "CCD 探测元件"，由于 CCD 的数量多，往往将 CCD 组成阵列，阵列中各 CCD 探测元件彼此之间存在差异，具体如下：

　　（1）CCD 自身的差异。一个高光谱成像仪中存在大量的 CCD，这些 CCD 有可能不是同一批次的产品，因此存在工艺、性能参数、抗干扰能力等方面的差异。即便是同一批次的 CCD，由于各 CCD 之间存在耗损程度不同、个体差异、非均匀性掺杂等原因，也会造成各 CCD 之间的差异。

　　（2）CCD 暗电流影响。暗电流受 CCD 个体的性能、工作温度、尺寸、材料等方面的影响，暗电流的影响导致 CCD 之间出现差异。

（3）CCD 工作状态的差异。焦平面上 CCD 的驱动信号、成像系统的光辐射等均能影响 CCD 的工作状态，使得 CCD 的工作状态出现差异。

（4）外部干扰。高光谱成像仪受到外界的电磁干扰，CCD 随飞行方向的差异，CCD 扫描差异等，均能对 CCD 阵列的一致性造成一定的影响。

以上因素均会造成同一台高光谱成像仪中的各 CCD 对同一波段的光谱辐射的响应存在差异，这种差异导致了 CCD 之间对波段的辐射响应不一致，如图 3.1 所示。图中 CCD_1 和 CCD_2 之间的差异导致了最终的输出 Y_1 和 Y_2 的偏移。尽管采取了响应函数矫正，但响应函数不能完全避免 CCD 之间的响应不一致，这种响应不一致便导致了条带噪声的产生。该噪声主要是高光谱成像仪的硬件原因产生的，所以将其认定为加性噪声。

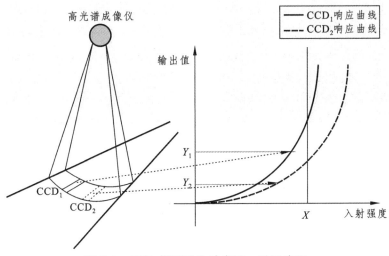

图 3.1　CCD 探测元件响应不一致示意图

3.2　条带噪声的特点

由条带噪声的产生原理和其他点状噪声不同，其表现出条带噪声特有的性质。以 OMIS 高光谱成像仪所采集的高光谱图像为例，在第 7 波段、第 21 波段、第 28 波段、第 40 波段中均出现了不同程度的条带噪声,如图 3.2 所示。

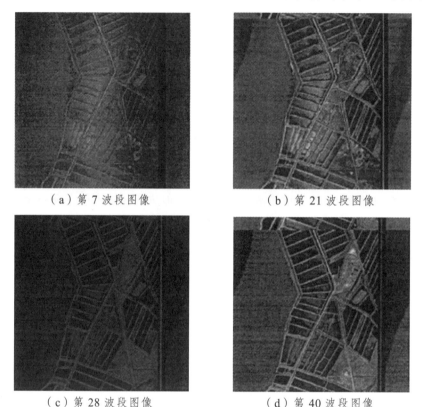

（a）第 7 波段图像　　　　　　　　　（b）第 21 波段图像

（c）第 28 波段图像　　　　　　　　　（d）第 40 波段图像

图 3.2　高光谱图像中的条带噪声

从图 3.2 可见,这四个波段的图像中均含条带噪声,而且在不同的波段,条带噪声表现出一定的共性,总结起来包括如下特征。

1. 方向性

这是条带噪声的典型特征,从以上 4 个波段可见,所有的条带噪声均呈现出方向特性,这是由于 OMIS 中的 CCD 阵列按照水平方向扫描,即行扫描。在行方向上因为响应不一致而导致了较为明显的水平条带噪声。当然,如果 OMIS 按照列方向扫描,那么便会呈现垂直方向的条带噪声。总之,条带噪声往往和 CCD 阵列的扫描方向直接相关,整体呈现出明显的方向性。

2. 呈现条带状

这是条带噪声最典型的、普遍的特征，也是条带噪声区别于其他点状噪声的典型特征之一，还是称为"条带噪声"的原因。

3. 条带宽窄不均的无规律分布

从图 3.2 中的四个波段图像可见，条带噪声在方向的基础上，还呈现出各条带之间的宽度不均的现象，这主要是由于 CCD 阵列中 CCD 之间响应差异不等造成的。响应差异大会产生宽条带，响应差异小则会产生窄条带。此外，条带的产生呈现无规律性，因为 CCD 扫描阵列中各 CCD 之间的响应差异不是固定的，每次扫描响应差异是变化的，因此产生的条带噪声一般不具有严格的周期性和规律性。

4. 灰度值不均

该特性非常明显，又可通俗地理解成明暗不均，即条带灰度值大小不等，而且灰度变化无规律可循，该特点在图 3.2 中表现较为明显。

条带噪声在高光谱成像仪中普遍存在，主要的原因还是来自其成像原理，传感器阵列中的数量众多的 CCD 必然会产生响应不一致的问题，因此，条带噪声在高光谱图像中往往不可避免，影响了图像的后续使用，严重的条带噪声甚至会直接导致图像不可用或者失去使用价值，如图 3.3 所示。

（a）水平条带噪声　　　　　　（b）垂直条带噪声

图 3.3　条带噪声的方向特性

在图 3.3 中，条带噪声太严重，已经破坏了图像的细节和部分结构。因此，条带噪声对高光谱图像的影响不可忽视，须消除条带噪声的影响，才能良好地实现图像的重构复原，提供良好的画质，为后续的图像应用提供有力的保障。

本章提供的两种去除条带的算法模型（模型一，基于 MCP 低秩近似和 Tchebichef 距约束的全变分去条带噪声模型；模型二，基于加权块稀疏联合非凸低秩约束的高光谱图像去条带噪声算法模型）均充分地利用了条带噪声的另一个典型特性，那就是稀疏性，如图 3.4 所示。利用其稀疏性，可通过构建低秩模型，从低秩的角度进行条带噪声的去噪。

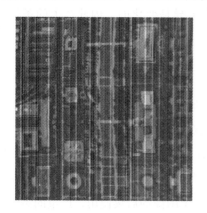
（a）待恢复图像

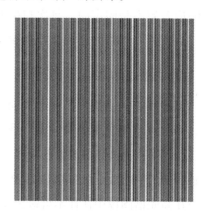
（b）条带噪声分量

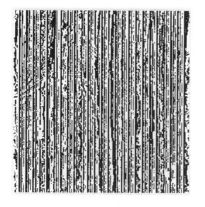
（c）（a）的垂直方向梯度图

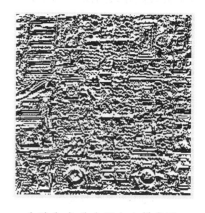
（d）（a）的水平方向梯度图

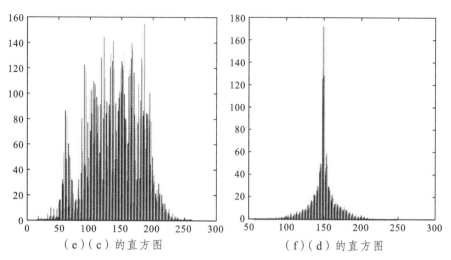

（e）（c）的直方图　　　　　　（f）（d）的直方图

图 3.4　退化图像的水平和垂直方向梯度及其直方图

　　从影像分解的角度分析，图 3.4 以某商场的遥感图像数据集的波段 7 图像为例。图 3.4（a）为包含条带噪声的遥感影像，可以表示为理想的干净无噪分量与条带噪声成分的和，图 3.4（c）和图 3.4（d）分别表示含有条带分量的退化图像在水平和垂直方向上的梯度分布图。值得注意的是，本例选取的图像在条带影像中混合有图像本身的信息，除了条带噪声外，图像还包含丰富的细节信息，从梯度条带噪声分布稀疏特性方面来看，条带影像本身就具备一定的稀疏性。对于包含条带噪声的遥感影像，其水平梯度图与垂直梯度图差异较大。而影像受到条带噪声干扰之后，沿条带方向的梯度图没有体现出条带的影响，那是因为条带噪声具有明确的方向性和结构性，因此，在垂直条带的方向上，梯度图却能非常明显地指示出条带噪声。从图 3.4（e）和图 3.4（f）的垂直和水平方向梯度计算的直方图可以发现，沿条带方向的梯度图条带信息量大，水平方向的梯度图的直方图包含的条带信息较少，具备显著的稀疏性；垂直条带方向的梯度图则能指示条带噪声的位置，具备明显的方向性。

3.3 条带噪声的模型描述

在 3.1 小节中，通过条带噪声的产生原理，将高光谱图像中的条带噪声定为加性噪声，则干净影像的退化过程表示为

$$y(m,n) = x(m,n) + s(m,n) + g(m,n) \qquad (3\text{-}1)$$

式中，$y(m,n)$，$x(m,n)$，$s(m,n)$ 和 $g(m,n)$ 分别表示为退化图像，潜在的无条带干净图像，(m,n) 处的条带分量图像，由像元噪声以及背景漂移引起的偏差噪声，m，n 分别为二维横坐标和纵坐标位置。为了后期描述和方便计算，式（3-1）采用矩阵向量形式重新描述为式（3-2）的形式：

$$Y = X + S + G \qquad (3\text{-}2)$$

式中，Y，X，S，G 分别表示 $y(m,n)$，$x(m,n)$，$s(m,n)$ 和 $g(m,n)$ 的离散形式，以向量化形式描述。

目前在大部分的高光谱图像的条带噪声去噪研究中，直接采用从退化图像 Y 求出无条带图像 X 的模型方法。这类方法效果较好，但是不满足本章中算法的需求，而且缺乏考虑条带特性和图像结构特点，容易导致过平滑，无法真正提取出无条带图像 X。本章的条带去除模型从无条带图像 X 的图像结构特点和条带分量图像 S 低秩和稀疏性出发，设计出去除条带噪声并保留无条带区域像素值的有效算法模型。

3.4 面向条带噪声的单向全变分 UTV 与 MCP 约束

Rudin 等（1992）提出了一种新的正则化模型——ROF 模型。ROF 模型采用图像梯度的 ℓ_1 范数做正则化约束，图像复原的模型如式（3-3）所示：

$$\min_x \|y - x\|_1 + \lambda_1 \|x\|_{\mathrm{TV}}, \quad \|x\|_{\mathrm{TV}} = \left\| \sqrt{|\nabla_x x|^2 + |\nabla_y x|^2} \right\|_1 \qquad (3\text{-}3)$$

式中，∇_x 和 ∇_y 分别表示水平和垂直一阶有限差分。由于 TV 正则化约束

项的引入使得在获取最佳图像的同时要限定全变分最小，因此，图像中的水平或者垂直的边界会被较好的保持。用 TV 全变分正则化模型去噪，效果更好且相对模糊更少。

Liu X X 等利用条带的方向特征，通过引入一种用于 MODIS 图像去条带的单向全变分模型（Unidirectional Total Variation，UTV），提出了一种变分算法。为了进一步改进，Zhou G 等提出了一种鲁棒混合 UTV 模型，该模型具有两个结合的 ℓ_1 数据保真度，用于处理 MODIS 和高光谱图像的条带噪声。Chang Y 等提出了一种联合 UTV 和框架正则化方法来解决去条带问题，他们使用全变分 TV 有效地去除条带噪声，并使用框架来保存图像细节。

从 ROF 模型对应的式（3-3）可以发现，单向全变分模型 UTV 实质是对图像梯度利用 ℓ_1 范数进行规约，体现条带噪声的稀疏性特征。然而，ℓ_0 范数是最佳描述稀疏性，目前众多学者所提的方法采用 ℓ_1 范数和核范数等凸函数近似描述低秩和稀疏。大量的文献结果表明采用 ℓ_0 范数的非凸近似逼近比 ℓ_0 范数的凸近似更有效，图像恢复中的非凸惩罚通常比 ℓ_1 范数惩罚具有更好的性能，能更加准确描述低秩和稀疏。非凸惩罚函数有多种选择，如 bridge、capped-ℓ_1、平滑剪切绝对偏差 SCAD、极小极大非凸惩罚 MCP。特别是 MCP 在接近 ℓ_0 规范时表现得更好，其对比情况如表 3.1 所示。

表 3.1 ℓ_0，ℓ_1 和 MCP 惩罚函数 $\rho_{\lambda,\tau}(t)$ 及其阈值操作算子 $S_{\lambda,\tau}^{\rho}(v)$

惩罚函数	$\rho_{\lambda,\tau}(t)$	$S_{\lambda,\tau}^{\rho}(v)$
ℓ_1	$\lambda\|t\|$	$\mathrm{sgn}(v)\max(\|v\|-\lambda,0)$
ℓ_0	$\begin{cases}\lambda & t\neq 0\\ 0 & t=0\end{cases}$	$\begin{cases}0 &,\|v\|<\sqrt{2\lambda}\\ \{0,\ \mathrm{sng}(v)\sqrt{2\lambda}\} &,\|v\|=\sqrt{2\lambda}\\ v &,\|v\|>\sqrt{2\lambda}\end{cases}$
MCP	$\begin{cases}\lambda\left(\|t\|-\dfrac{t^2}{2\lambda\tau}\right), & \|t\|<\tau\lambda\\[2mm] \dfrac{\lambda^2\tau}{2}, & \|t\|\geqslant\tau\lambda\end{cases}$	$\begin{cases}0, & \|v\|\leqslant\lambda\\[2mm] \mathrm{sgn}(v)\dfrac{\tau(\|v\|-\lambda)}{\tau-1}, & \lambda\leqslant\|v\|\leqslant\lambda\tau\\[2mm] v, & \|v\|\geqslant\lambda\tau\end{cases}$

图 3.5 所示为 ℓ_0，ℓ_1 和 MCP 惩罚函数三种的阈值示意图，从图中可以发现，MCP 函数具有连续性、稀疏性和无偏性，保证了 MCP 正则化问题具有良好的统计性质，非凸稀疏恢复 MCP 模型比凸稀疏恢复模型具有更良好的性能。

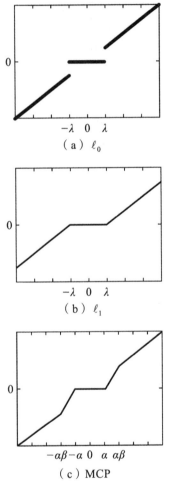

（a）ℓ_0

（b）ℓ_1

（c）MCP

图 3.5 ℓ_0，ℓ_1 和 MCP 惩罚函数的阈值示意图

Rasti B 等对 MCP 范数的定义如式（3-4）所示：

$$\varphi_{\lambda,\gamma}(t) = \lambda \int_0^{|t|}\left[1-\frac{x}{\lambda\gamma}\right]_+ \mathrm{d}x = \begin{cases} \lambda|t|-\dfrac{t}{2\gamma}, & \text{if } |t| \leqslant \lambda\gamma \\[2mm] \dfrac{1}{2}\lambda^2\gamma,i & \text{if } |t| > \lambda\gamma \end{cases}, \; t\in\mathbb{R} \tag{3-4}$$

式中，$\lambda > 0$，$\gamma > 1$ 分别为两个常数。针对矩阵 $\boldsymbol{B} \in \mathbb{R}^{p\times q}$ 的 MCP 范数定义为式（3-5）所示：

$$M_{\lambda,\gamma}(\boldsymbol{B}) = \sum_{i,j}\varphi_{\lambda,\gamma}(\boldsymbol{B}_{i,j}) \tag{3-5}$$

MCP 对应的阈值操作算子可表示为式（3-6）的形式：

$$T_{\lambda,\gamma}(t) = \begin{cases} 0, & |t| \leqslant \lambda \\[2mm] \mathrm{sgn}(t)\dfrac{\gamma(|t|-\lambda)}{\gamma-1}, & \gamma < |t| \leqslant \gamma\lambda \\[2mm] t, & |t| > \gamma\lambda \end{cases} \tag{3-6}$$

针对基于 MCP 正则化最小二乘优化问题模型如式（3-7）所示：

$$\min_{\boldsymbol{B},\boldsymbol{N}}\|\boldsymbol{B}\|_{\mathrm{MCP}} + \frac{1}{2}\|\boldsymbol{B}-\boldsymbol{N}\|_2^2, \boldsymbol{B}\in\mathbb{R}^{p\times q} \text{ and } \boldsymbol{N}\in\mathbb{R}^{p\times q} \tag{3-7}$$

用 MCP 约束惩罚函数 $\|\bullet\|_{\mathrm{MCP}}$ 可用式（3-8）进行求解。

$$\boldsymbol{B} = T_{\lambda,\gamma}(\boldsymbol{N}) \tag{3-8}$$

对于任何给定的正则化参数，MCP 正则化最小二乘优化问题是高度非线性、非平滑和非凸的，没有一种有效的解决方法。矩阵 MCP 函数由于具有可分性，可由 ADM 有效地求解，因此，JinZ 等采用交替方向法 ADMM 求解。

3.5　面向条带噪声的 Tchebichef 距稀疏正则化约束

根据条带噪声具有稀疏性及影像具有低秩性特点，可以建立非条带噪声线性向量的稀疏结构来约束条带噪声分量，从而提高其恢复能力，因此，采用 Tchebichef 距的稀疏正则化来表达条带噪声分量的稀疏性。

作为二维矩阵图像的形状描述，Tchebichef 距是一种离散正交矩，属于描述图像形状特征的一种不变矩，具有平移、旋转、缩放不变性，径向 Tchebichef 不变矩信息冗余度低，抗噪能力强。Tchebichef 图像矩的计算不包括任何数值上的近似，也无须坐标空间的转化。图像密度函数 $f(x,y)$ 表示在大小为 $N \times M$ 的图像中点 (x,y) 处的强度值，阶数为 $m+n$ 时的 Tchebichef 图像矩定义为式（3-9）的形式：

$$T_{n,m}(f) = \frac{\sum_{x=0}^{N-1}\sum_{y=0}^{M-1} t_n(x)\ t_m(y) f(x,y)}{\rho(n,N)\rho(m,M)},$$
$$(n = 0,1,2,\cdots,N-1, m = 0,1,2,\cdots,M-1) \qquad （3-9）$$

Tchebichef 距的基函数是离散正交 Tchebichef 多项式，在离散域内满足式（3-10）的正交性质：

$$\sum_{x=0}^{N-1} t_m(x) t_n(y) = \rho(n,N)\delta_{nm}, (0 \leqslant n \leqslant N-1; 0 \leqslant m \leqslant M-1) \quad （3-10）$$

式中，δ_{nm} 是克罗内克符号；$\rho(n,N)$ 是归一化范数；$t_m(x)$ 是阶数为 m 的离散 Tchebichef 多项式。

Mukundan 等提出构造 Tchebichef 距方法，该方法在计算过程中不受峰值漂移和重叠等信息的干扰，具有更强的不变性，通过尺度因子正则化的 Tchebichef 多项式，Tchebichef 距可表示成式（3-11）的形式：

$$T_{n,m}(f) = \frac{1}{\tilde{\rho}(n,N)\tilde{\rho}(m,M)} \sum_{x=0}^{N-1}\sum_{y=0}^{M-1} \tilde{t}_n(x)\tilde{t}_m(y) f(x,y),$$
$$(n = 0,1,2,\cdots,N-1; m = 0,1,2,\cdots,M-1) \qquad （3-11）$$

式中，$\tilde{t}_n(x) = \dfrac{(2n-1)(2x-N+1)\tilde{t}_{n-1}(x)}{nN} - \dfrac{(n-1)[N^2-(n-1)^2]\tilde{t}_{n-2}(x)}{nN^2}, \tilde{t}_0(x) = 1,$

$$\tilde{\rho}(n) = \left(\frac{2n-1}{2n+1}\right)\left(1 - \frac{n^2}{N^2}\right)\tilde{\rho}(n-1), \tilde{\rho}(0) = N$$

在 Tchebichef 距域中定义了基于 l_1 范数的稀疏正则项，可以表示为式（3-12）的形式：

$$\left\|\boldsymbol{\Psi}(f)\right\|_1 = \left\|\nabla T(f)\right\|_1 = \left\|\left[T_{n+1,m}(f) - T_{n,m}(f), T_{n,m+1}(f) - T_{n,m}(f)\right]\right\|_1 \quad （3-12）$$

3.6　去除条带噪声的 TMCP-SDM 模型

3.6.1　TMCP-SDM 模型

在条带噪声去除过程中，认为含条带噪声的影像是由恢复影像、条带噪声影像、其他像元以及背景漂移引起的偏差噪声三部分组成的，因此利用优化模型构建条带噪声分离模型，如式（3-13）所示：

$$\min\left\{\left\|\boldsymbol{Y} - \boldsymbol{X} - \boldsymbol{S}\right\|_F^2 + \lambda R_1(\boldsymbol{S}) + \eta R_2(\boldsymbol{X})\right\} \quad （3-13）$$

式（3-13）中，第一项 $\left\|\boldsymbol{Y} - \boldsymbol{X} - \boldsymbol{S}\right\|_F^2$ 为分离漂移噪声的保真项，它表示条带噪声影像 $\boldsymbol{Y}$ 由重建影像 $\boldsymbol{X}$ 和条带噪声分量 $\boldsymbol{S}$ 组成的和接近程度；根据特点构建的正则化项提高分量的质量，$R_1(\boldsymbol{S})$ 为条带噪声分量 $\boldsymbol{S}$ 的约束项，$R_2(\boldsymbol{X})$ 为重建影像 $\boldsymbol{X}$ 的约束项；λ 和 η 为正则化项参数。在此，充分考虑高光谱图像本身具有影像结构特征和局部分段平滑特性，以及条带噪声影像具有全局低秩性和稀疏特性两个先验信息来约束分离条带噪声的正则化项。

1. 条带噪声影像低秩性和稀疏特性正则化项

从图 3.4 所示的遥感图像数据集测试影像对条带噪声的方向性特点分析，测试影像垂直方向梯度[见图 3.4（c）]受到条带噪声影响，而水平方向梯度[见图 3.4（d）]不受影响。因此，可以把垂直方向梯度影像看作是稀疏矩阵，用 ℓ_0 范数或低秩函数来表征。然而，ℓ_0 范数为非凸的，使

得 ℓ_0 的求解难度较大，因此，为了方便求解，大量的模型采用了 ℓ_1 范数来近似逼近 ℓ_0 范数约束。从条带噪声的低秩结构性特点分析，认为条带噪声分量是由一定规律的条带噪声线组成的，具有较好的低秩特性。基于上述综合分析，便设计了一种基于最小最大非凸惩罚范数 MCP 约束、单向 Tchebichef 距差分自适应全变分正则化的去条带算法模型（TMCP-SDM），TMCP-SDM 模型采用 MCP 约束条带噪声分量梯度的正则化项，能更加近似逼近条带噪声的低秩特性，如图 3.6 所示。若采用 ℓ_1 范数来约束非条带噪声线向量，则其向量内的元素值全都等于 0。根据该特性，可以建立非条带噪声线向量的稀疏结构来约束条带噪声分量，从而提高其恢复能力，因此采用 $\ell_{2,1}$ 范数来表达条带噪声分量的稀疏性。最后，根据条带噪声的单向性及结构性特点，建立条带噪声影像正则化模型，表示为式（3-14）的形式：

$$R_1(\boldsymbol{S}) = \lambda_1 \left\| \nabla_y \boldsymbol{S} \right\|_{\mathrm{MCP}} + \lambda_2 \left\| \boldsymbol{S} \right\|_{2,1} \tag{3-14}$$

式中， $\left\| \nabla_y \boldsymbol{S} \right\|_{\mathrm{MCP}}$ 表示 MCP 约束惩罚正则化项； $\left\| \boldsymbol{S} \right\|_{2,1}$ 表示 S 的 $\ell_{2,1}$ 范数，定义为 $\left\| \boldsymbol{S} \right\|_{2,1} = \sum_i \sqrt{\sum_j \boldsymbol{S}_{ij}^2}$ 。

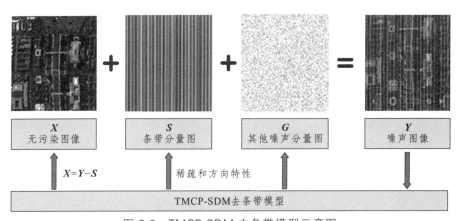

图 3.6　TMCP-SDM 去条带模型示意图

2. 高光谱图像影像结构正则化项

在垂直方向的 TV 正则化模型可以有效地将垂直边界保留，具有良好的边缘保留效果，但容易产生阶梯效应从而造成影像结构模糊，不利于后期影像的识别等应用。为了避免恢复影像出现阶梯效应，TMCP-SDM 融入具有描述图像形状特征构建一种 Tchebichef 图像矩的 TV 正则化项，即

$$R_2(\boldsymbol{X}) = \left\| \boldsymbol{\Psi}(\nabla_y \boldsymbol{X}) \right\|_1 \qquad (3\text{-}15)$$

式中，∇_y 为在 y 方向的一阶差分算子；$\|\cdot\|_1$ 为所有元素绝对值之和；$\boldsymbol{\Psi}$ 为 Tchebichef 图像矩算子。

TMCP-SDM 去条带模型将式（3-15）和式（3-14）代入式（3-13）的模型中，融合了低秩、稀疏性和 Tchebichef 图像矩的 TV 正则化约束项，便构成了 TMCP-SDM 新模型，如式（3-16）所示：

$$\min \left\{ \left\| \boldsymbol{Y} - \boldsymbol{X} - \boldsymbol{S} \right\|_F^2 + \lambda_1 \left\| \nabla_y \boldsymbol{S} \right\|_{\text{MCP}} + \lambda_2 \left\| \boldsymbol{S} \right\|_{2,1} + \eta \left\| \boldsymbol{\Psi}(\nabla_y \boldsymbol{X}) \right\|_1 \right\} \qquad (3\text{-}16)$$

式中，λ_1，λ_2，η 为非负参数。

该模型第一项描述约束估计图像与原始图像相似性的保真度，第二项和第三项分别为条带噪声的低秩性和稀疏性约束，第四项为估计图像的 Tchebichef 图像矩的 TV 正则化项，增强了估计图像结构的平滑性。TMCP-SDM 最终模型简单易懂，利用 MCP 范数和的 $\ell_{2,1}$ 范数约束的低秩特性很好地刻画了条带分量，同时具有经典 UTV 正则化项模型准确提取图像的主要结构信息，较好地保留估计干净无噪影像的边缘和纹理结构等信息。

3.6.2 模型的优化求解

TMCP-SDM 去条带模型是一个优化求解问题，可以采用一种交替最小化 ADMM 算法迭代求解对应模型，将式（3-16）的分解模型的优化问题分为多个子问题，然后利用 ADMM 迭代算法有效地解决。通过引入两个辅

助变量 $Z=\nabla_y S$，$D=\Psi(\nabla_y X)$，提出的 TMCP-SDM 模型可以重写为式（3-17）的形式：

$$\underset{X,S,Z,D}{\arg\min}\left\{\|Y-X-S\|_{\mathrm{F}}^2+\lambda_1\|Z\|_{\mathrm{MCP}}+\lambda_2\|S\|_{2,1}+\eta\|D\|_1\right\}\ \text{s.t.}\ Z=\nabla_y S \quad （3\text{-}17）$$

式中，$D=\Psi(\nabla_y X)$，$S=K$。

由于模型中目标函数的 X、S、Z、D 四个变量具有可分性，在使用交替方向乘子法 ADMM 求解式（3-16）的模型之前，先采用增广拉格朗日函数重写为式（3-18）的形式：

$$E_\rho\left(X,S,Z,D,K,W_1,W_2,W_3\right)$$
$$=\frac{1}{2}\|Y-X-S\|_{\mathrm{F}}^2+\lambda_1\|Z\|_{\mathrm{MCP}}+\lambda_2\|K\|_{2,1}+\eta\|D\|_1+$$
$$\left\langle Z-\nabla_y S,W_1\right\rangle+\frac{\rho}{2}\|Z-\nabla_y S\|_{\mathrm{F}}^2+\left\langle D-\Psi(\nabla_y X),W_2\right\rangle+$$
$$\frac{\rho}{2}\|D-\Psi(\nabla_y X)\|_{\mathrm{F}}^2+\left\langle S-K,W_3\right\rangle+\frac{\rho}{2}\|S-K\|_F^2 \quad （3\text{-}18）$$

式中，W_1，W_2，W_3 分别为与 $Z=\nabla_y S$，$D=\Psi(\nabla_y X)$ 和 $S=K$ 约束的拉格朗日乘数，ρ 为惩罚参数。

为了使优化算法易于处理，采用基于交替方向乘子法 ADMM（the Alternative Direction Multiplier Method）迭代求解非凸 TMCP-SDM 去条带模型，流程如下：

（1）针对求解条带 S 估计问题，固定 X,Z,K,W_1,W_3，条带 S 可以通过以下最小化问题来求解，如式（3-19）所示：

$$E_\rho(S)=\frac{1}{2}\|Y-X-S\|_{\mathrm{F}}^2+\left\langle Z-\nabla_y S,W_1\right\rangle+\frac{\rho}{2}\|Z-\nabla_y S\|_{\mathrm{F}}^2+$$
$$\left\langle S-K,W_3\right\rangle+\frac{\rho}{2}\|S-K\|_{\mathrm{F}}^2$$
$$=\frac{1}{2}\|Y-X-S\|_{\mathrm{F}}^2+\frac{\rho}{2}\left\|Z-\nabla_y S+\frac{W_1}{\rho}\right\|_{\mathrm{F}}^2+\frac{\rho}{2}\left\|S-K+\frac{W_3}{\rho}\right\|_{\mathrm{F}}^2 \quad （3\text{-}19）$$

式（3-19）是一个典型的最小二乘模型，可通过式（3-20）的线性系统求解：

$$\left((1+\rho)\boldsymbol{I}+\rho\nabla_y^{\mathrm{T}}\nabla_y\right)\boldsymbol{S}=(\boldsymbol{Y}-\boldsymbol{X})+(\rho\boldsymbol{K}-\boldsymbol{W}_3)+\rho\nabla_y^{\mathrm{T}}\left(\boldsymbol{Z}+\frac{\boldsymbol{W}_1}{\rho}\right)\qquad(3\text{-}20)$$

式中，$\boldsymbol{I}$ 为元素为 1 的单位矩阵；T 表示矩阵转置。式（3-20）可以通过快速傅里叶变换（FFT）得到一个封闭形式的解，其形式如式（3-21）所示：

$$\boldsymbol{S}=\mathrm{FFT}^{-1}\left(\frac{\boldsymbol{A}}{(1+\rho)+\rho\mathrm{FFT}(\nabla_y^{\mathrm{T}}\nabla_y)}\right)\qquad(3\text{-}21)$$

式中，$\mathrm{FFT}(\bullet)$ 表示快速傅里叶变换；$\mathrm{FFT}^{-1}(\bullet)$ 表示快速傅里叶反变换，其中 $\boldsymbol{A}=\mathrm{FFT}\left((\boldsymbol{Y}-\boldsymbol{X})+(\rho\boldsymbol{K}-\boldsymbol{W}_3)+\rho\nabla_y^{\mathrm{T}}\left(\boldsymbol{Z}+\frac{\boldsymbol{W}_1}{\rho}\right)\right)$。

（2）针对求解估计图像 $\boldsymbol{X}$ 问题，固定 $\boldsymbol{S}$，$\boldsymbol{D}$，$\boldsymbol{W}_2$，估计图像 $\boldsymbol{X}$ 可以通过模型式（3-21）求解，如式（3-22）所示：

$$\begin{aligned}E_\rho(\boldsymbol{X})&=\frac{1}{2}\|\boldsymbol{Y}-\boldsymbol{X}-\boldsymbol{S}\|_{\mathrm{F}}^2+\langle\boldsymbol{D}-\Psi(\nabla_y\boldsymbol{X}),\boldsymbol{W}_2\rangle+\frac{\rho}{2}\|\boldsymbol{D}-\Psi(\nabla_y\boldsymbol{X})\|_{\mathrm{F}}^2\\&=\frac{1}{2}\|\boldsymbol{Y}-\boldsymbol{X}-\boldsymbol{S}\|_{\mathrm{F}}^2+\frac{\rho}{2}\left\|\boldsymbol{D}-\Psi(\nabla_y\boldsymbol{X})+\frac{\boldsymbol{W}_2}{\rho}\right\|_{\mathrm{F}}^2\end{aligned}\qquad(3\text{-}22)$$

式（3-22）与求解条带 $\boldsymbol{S}$ 估计问题类似，也是一个典型的最小二乘模型，可以通过上述相同的线性系统求解。

（3）针对求解辅助变量 $\boldsymbol{D}$，固定 $\boldsymbol{X}$，$\boldsymbol{W}_2$，$\boldsymbol{D}$ 可以通过式（3-23）子问题求解：

$$E_\rho(\boldsymbol{D}) = \eta\|\boldsymbol{D}\|_1 + \langle \boldsymbol{D} - \Psi(\nabla_y \boldsymbol{X}), \boldsymbol{W}_2 \rangle + \frac{\rho}{2}\|\boldsymbol{D} - \Psi(\nabla_y \boldsymbol{X})\|_F^2$$

$$= \eta\|\boldsymbol{D}\|_1 + \frac{\rho}{2}\left\|\boldsymbol{D} - \left(\Psi(\nabla_y \boldsymbol{X}) + \frac{\boldsymbol{W}_2}{\rho}\right)\right\|_F^2 \qquad (3\text{-}23)$$

式（3-23）是一个典型的 ℓ_1 范数最小化问题。对于 ℓ_1 范数最小化问题 $\underset{L}{\arg\min}\ \tau\|\boldsymbol{L}\|_1 + \frac{1}{2}\|\boldsymbol{L} - \boldsymbol{D}_1\|_F^2$，$\boldsymbol{L}$，$\boldsymbol{D}_1 \in \mathbb{R}^{p\times q}$，式中 τ 为参数，$\tau>0$，定义的矩阵元素的软阈值操作符算子可被求解，如式（3-24）所示：

$$\text{shrink } L\_1(l,\tau) = \text{sign}(l)\times\max(|l| - \tau, 0) \qquad (3\text{-}24)$$

因此，可以通过软收缩操作符有效地解决上述问题，即式（3-25）的形式：

$$\boldsymbol{D} = \text{shrink } L\_1\left(\Psi(\nabla_y \boldsymbol{X}) - \frac{\boldsymbol{W}_2}{\rho}, \frac{\eta}{\rho}\right) \qquad (3\text{-}25)$$

（4）针对求解辅助变量 $\boldsymbol{K}$，固定 $\boldsymbol{S}$，$\boldsymbol{W}_3$，$\boldsymbol{K}$ 可以通过式（3-26）子问题求解：

$$E_\rho(\boldsymbol{K}) = \lambda_2\|\boldsymbol{K}\|_{2,1} + \langle \boldsymbol{S} - \boldsymbol{K}, \boldsymbol{W}_3 \rangle + \frac{\rho}{2}\|\boldsymbol{S} - \boldsymbol{K}\|_F^2$$

$$= \lambda_2\|\boldsymbol{K}\|_{2,1} + \frac{\rho}{2}\left\|\boldsymbol{K} - \left(\boldsymbol{S} - \frac{\boldsymbol{W}_3}{\rho}\right)\right\|_F^2 \qquad (3\text{-}26)$$

用 $\boldsymbol{H} = \boldsymbol{S} - \dfrac{\boldsymbol{W}_3}{\rho}$ 表示，式（3-26）是一个典型的 $\ell_{2,1}$ 范数的最小化问题。根据 Liu G 等的最优求解方法，可得式（3-27）：

$$K(:,i) = \begin{cases} \dfrac{\|H(:,i)\| - \dfrac{\lambda_2}{\rho}}{\|H(:,i)\|} H(:,i), & \text{如果 } \|H(:,i)\| > \dfrac{\lambda_2}{\rho}, \\ 0, & \text{其他.} \end{cases} \qquad (3\text{-}27)$$

（5）针对求解辅助变量 $\boldsymbol{Z}$，固定 $\boldsymbol{S}$、$\boldsymbol{W}_1$，$\boldsymbol{Z}$ 可以通过如式（3-28）的子问题求解：

$$
\begin{aligned}
E_\rho(\boldsymbol{Z}) &= \lambda_1 \|\boldsymbol{Z}\|_{\mathrm{MCP}} + \langle \boldsymbol{Z} - \nabla_y \boldsymbol{S}, \boldsymbol{W}_1 \rangle + \frac{\rho}{2} \|\boldsymbol{Z} - \nabla_y \boldsymbol{S}\|_{\mathrm{F}}^2 \\
&= \lambda_1 \|\boldsymbol{Z}\|_{\mathrm{MCP}} + \frac{\rho}{2} \left\| \boldsymbol{Z} - \left(\nabla_y \boldsymbol{S} - \frac{\boldsymbol{W}_1}{\rho} \right) \right\|_{\mathrm{F}}^2
\end{aligned}
\tag{3-28}
$$

用 $\boldsymbol{\Lambda} = \nabla_y \boldsymbol{S} - \dfrac{\boldsymbol{W}_1}{\rho}$ 表示，式（3-27）是一个典型的基于 MCP 正则化最小二乘优化问题模型。根据 Jin Z 等的最优求解方法可求解，如式（3-29）所示：

$$
\boldsymbol{Z} = T_{\lambda,\,\gamma,\,\rho}(\boldsymbol{\Lambda})
\tag{3-29}
$$

（6）更新拉格朗日乘数和惩罚参数，根据求解的算法，拉格朗日乘数 $\boldsymbol{W}_1$，$\boldsymbol{W}_2$，$\boldsymbol{W}_3$ 可以更新为式（3-30）的形式：

$$
\begin{cases}
\boldsymbol{W}_1 = \boldsymbol{W}_1 + \kappa(\boldsymbol{Z} - \nabla_y \boldsymbol{S}) \\
\boldsymbol{W}_2 = \boldsymbol{W}_2 + \kappa(\boldsymbol{D} - \Psi(\nabla_y \boldsymbol{X})) \\
\boldsymbol{W}_3 = \boldsymbol{W}_3 + \kappa(\boldsymbol{S} - \boldsymbol{K})
\end{cases}
\tag{3-30}
$$

惩罚参数更新为式（3-31）的形式：

$$
\begin{cases}
\rho = \min\{\mu \times \rho, \rho_{\max}\} \\
\lambda_1 = \min\{\mu \times \lambda_1, \lambda_{1\max}\} \\
\lambda_2 = \min\{\mu \times \lambda_2, \lambda_{2\,max}\} \\
\eta = \min\{\mu \times \eta_1, \eta_{\max}\}
\end{cases}
\tag{3-31}
$$

式（3-30）中 κ，式（3-11）中的 μ 为收缩参数，设定 $\mu>1$ 加快收敛速度，$\rho_{\max}$ 为 ρ 的最大值，同理 $\lambda_{1\max}$，$\lambda_{2\,max}$ 和 $\eta_{\max}$ 分别是 λ_1 和 η 的最大值。

结合上述已解决的子问题，采用多步迭代求解，直到满足收敛条件

$$\frac{\left\|\boldsymbol{X}^{k+1}-\boldsymbol{X}^{k}\right\|_{\mathrm{F}}}{\left\|\boldsymbol{X}^{k}\right\|_{\mathrm{F}}}\leqslant\delta$$ 为设定的参数。

3.6.3　实验环境和评价指标

在本节中，我们利用模拟数据验证该方法针对高光谱条带噪声去除的有效性。将本文所提方法与最新的 4 种方法进行比较，包括各向异性光谱空间 TV（Anisotropic Spectral-Spatial TV，ASSTV）模型、基于 TV 约束的低秩去条带噪声模型（Total Variation-Regularized Low-Rank，LRTV）、TV 正则化和组稀疏约束方法（TV Regularization and Group Sparsity，TVGS）和单项 TV 约束的去条带噪声模型 UTV。

实验环境为内存 16 GB，处理器为 Intel(R)Core(TM)i7-8700K CPU，3.70 GHz 的工作站，实验软件为 MATLAB R2017b。

为了评估不同的去条带噪声方法的效果，本小节对提出的模型与现有的几种经典方法进行定性和定量的比较和评估。在定性方面，我们展示了不同方法的视觉效果、平均交叉轨迹轮廓（Mean Cross-Trackprofile）。同时，对画质的评价使用了一些公认的评价指标，如峰值信噪比（Peak Signal-to-Noise Ratio，PSNR）、结构相似度指数（Structural Similarity Index Measure，SSIM）等指标来评价不同方法的性能。

峰值信噪比 PSNR 定义为式（3-32）的形式：

$$\mathrm{PSNR}=10\log_{10}\frac{255^{2}\times total}{\left\|\overline{u}-u\right\|^{2}} \tag{3-32}$$

式中，$\overline{u}$ 和 u 分别为估计还原图像和原始去噪图像；$total$ 表示图像的总像素数量。

结构相似度指数 SSIM 定义为式（3-33）的形式：

$$SSIM = \frac{(2\mu_1\mu_2 + C_1)(2\sigma_{12} + C_2)}{\mu_1^2 + \mu_2^2 + C_2} \qquad\qquad (3\text{-}33)$$

式中，μ_1 和 μ_2 分别代表图像 1 和图像 2 的平均值；协方差 σ_{12} 是两幅图像的协方差；C_1 和 C_2 是两个常数。

3.6.4　周期性条带噪声分离实验

1. 数据来源

在仿真模拟实验中，使用从美国商用高分辨率地球影像公司 digitalglobe 的网站中下载的 Mall 高光谱图像，利用原始尺寸为 $256 \times 256 \times 56$ 像素的高光谱立方体的某波段图像，通过在原始图像上添加条带线来模拟条带图像和从网站下载的中分辨率成像光谱仪（MODIS）图像 Terra 波段 $307 \times 307 \times 11$ 像素的光谱立方体的一部分来评价该方法的性能，以及尺寸为 $307 \times 307 \times 210$ 像素的 Hydice Urban 数据集。对模拟图像进行周期性和非周期性条带仿真并增加到图像中，然后采用算法进行降噪处理。

2. 模型参数的设置

在 TMCP-SDM 去条带模型中，选择合适的正则化参数是算法优化结果的重要环节，其中，经验调优是一种常用的参数确定方法。模型中虽然涉及较多的参数，但是这些参数具有较好的鲁棒性，并且选择范围较小，对分离结果不会造成较大影响。模型中的正则化参数 λ_1，λ_2，η 预先设置，我们根据多次试验经验设置了参数，参数 λ_1，λ_2 的程度取决于图像的条带，设定为 $\lambda_1 \in [0.005, 0.05]$ 图像复原的效果，设为 $\eta \in [0.1,1]$ 对应的拉格朗日参数 $\kappa = 1.05$，$\lambda_{1\,MAX} = 1.8$。

对于周期性条带的情况，选取 Hydice Urban 数据集的 band 5 开展实验，对添加了条带噪声（周期性条带，均值：30，比率：0.25）的高光谱影像在分离条带进行性能比较。由于周期性条带的结构简单，大多数现有的方法都能有效地去除条带。

图 3.7 对 Hydice Urban 数据集的 band 5 波段进行了仿真实验效果对比，从图 3.7（d）~（h）中所代表的典型方法进行去条带噪声后的视觉呈现效果来看，本部分提出的 TMCP-SDM 模型在去除条带噪声的同时，还能良好地保留图像的细节，避免了人造伪影和过平滑的现象，其恢复图像所呈现的视觉效果比其他典型的方法更好。

（a）原始清晰图像

（b）含噪图像

（c）周期条带分量

（d）LRTV 复原图像

（e）ASSTV 复原图像

（f）UTV 复原图像

（g）TVGS 复原图像

（h）TMCP-SDM 复原图像

图 3.7　各算法去条带复原图像视觉效果对比

在条带分离方面，TMCP-SDM 模型也表现出良好的性能，在实验中，分别采用了 LRTV、ASSTV、UTV、TVGS 4 种方法和 TMCP-SDM 模型进行对比分析，其分离后的视觉效果对比如图 3.8 所示。

（a）LRTV 条带分量

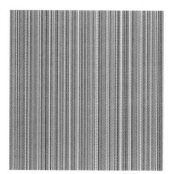

（b）ASSTV 条带分量

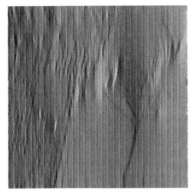 

（c）UTV 条带分量　　　　　　　　（d）TVGS 条带分量

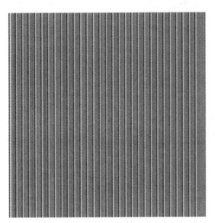

（e）TMCP-SDM 条带分量

图 3.8　去条带分量分离的视觉效果对比

　　图 3.8（a）～（e）中分别给出了 4 种典型的去条带噪声模型及 TMCP-SDM 算法模型在分离条带噪声的效果对比，所有的比较方法都能去除周期性条带，并较好地保留无条带区域的图像细节。但从模拟仿真去条带分量分离视觉效果来看，LRTV，UTV 方法与周期条带分量存在一些明显的视觉差异，TMCP-SDM 算法模型分离条带噪声的效果更加明显，与加入的周期条带噪声分量更一致，能表现出更好的条带噪声分离效果。

在表 3.2 中，增加了 5 种周期性条带，均值和比率分别为（10，0.1），
（15，0.15），（20，0.2），（25，0.25），（30，0.3），列出了不同算法模型去
除条带噪声的 PSNR 和 SSIM 值汇总对比，分别是 TVGS、ASSTV、UTV、
LRTV 和 TMCP-SDM 去条带噪声的算法模型。

表 3.2　去条带噪声性能指标汇总对比表

噪声水平代码	Degraded	TVGS	ASSTV	UTV	LRTV	TMCP-SDM
1	31.37	38.73	39.94	38.86	38.34	40.34
	0.807 6	0.976 3	0.893 2	0.872 7	0.899 6	0.968 9
2	27.56	39.62	38.98	36.98	37.74	39.78
	0.614 7	0.979 7	0.790 9	0.790 9	0.987 2	0.949 4
3	22.49	39.38	28.58	28.58	41.55	42.28
	0.400 7	0.967 6	0.662 8	0.662 8	0.983 8	0.987 4
4	17.28	32.64	22.69	22.69	33.16	36.57
	0.145 3	0.932 6	0.464 4	0.464 4	0.934 3	0.971 2
5	20.73	30.32	26.14	26.14	30.52	32.09
	0.476 0	0.902 7	0.583 7	0.583 7	0.919 7	0.934 9

根据表 3.2 所示，从 PSNR 和 SSIM 指标比较上可以看出，本章中所设
计的 TMCP-SDM 算法模型与其余方法相比较整体获得了最高的指标性能，
这是因为模型从局部和全局角度考虑条带和原始图像具有的方向性、低秩性
和结构稀疏性等特点。另外从图 3.7 和图 3.8 中也可以发现，TMCP-SDM 模
型所提取的条带与原始条带基本相同，具有较好的一致性，说明 TMCP-SDM

模型在分离周期条带噪声分量具有更好的效果，使得图像能获得更好的复原去噪效果。

3.6.5　非周期性条带噪声分离实验

对于周期性垂直条带噪声，目前，较多去条带噪声的算法都取得了良好的效果，从 3.6.4 的仿真模拟实验可以发现，TMCP-SDM 模型分离周期条带噪声比其他方法性能都有明显的提升。然而，非周期性条带广泛存在于遥感图像中，去除难度更大，在此验证 TMCP-SDM 模型在分离随机条带噪声问题上的有效性。

本实验以原始尺寸为 $256 \times 256 \times 56$ 像素的高光谱立方体的一部分 Mall 高光谱图像为数据源，以第 3 波段的子图像为实验对象。

在模拟仿真中，在原高光谱图像 Mall 的第 3 波段的子图像基础上，通过观测模型加入合成的、位置和强度值在图像上随机分布的非周期性条带噪声。针对非周期条带噪声，分别采用 TVGS、ASSTV、UTV、LRTV 和 TMCP-SDM 5 种算法模型进行去条带噪声，其去噪后的视觉效果如图 3.9 所示。

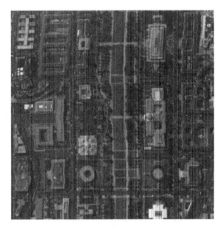

　　（a）原始清晰图像　　　　　　　　　（b）随机降质图像

（c）LRTV 恢复图像

（d）ASSTV 恢复图像

（e）UTV 恢复图像

（f）TVGS 恢复图像

（g）TMCP-SDM 恢复图像

图 3.9　去非周期性条带噪声的视觉效果对比

在图 3.9 中，对 Mall 高光谱图像数据集第 3 波段的子图像进行随机分布（均值为 30，比率为 0.2），使用 5 种算法模型（LRTV、ASSTV、UTV、TVGS 和 TMCP-SDM）进行去条带噪声模拟仿真，得到了对应的去条带噪声后的图像恢复视觉效果。通过图 3.9（e）可以看出，UTV 方法的恢复图像仍然存在较多的残留条带，虽已去除最明显的条带噪声，但还可以观察到一些残留的条带噪声，并抑制与条带方向相同的图像结构。通过图 3.9（c）的 LRTV 恢复图像可以发现，随着条带去除过程的进行，LRTV 对图像结构造成了较为严重的破坏。图 3.9（g）代表了本章算法模型 TMCP-SDM 的恢复图像效果，从图像的视觉角度观察，其恢复图像没有任何明显的人工痕迹，条带噪声被较好地去除，同时图像结构保留较完整，地物边缘清晰，保持了较好的地物分辨率。

在条带噪声的分离效果对比方面，仍然用 LRTV、ASSTV、UTV、TVGS 和本章中设计的 TMCP-SDM 算法模型展开对比实验，其条带分量的分离效果如图 3.10 所示。

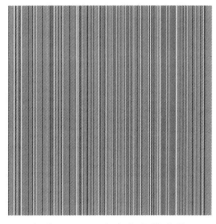

（a）LRTV 分离的条带分量　　　　　　　　（b）ASSTV 分离的条带分量

（c）UTV 分离的条带分量　　　　　　（d）TVGS 分离的条带分量

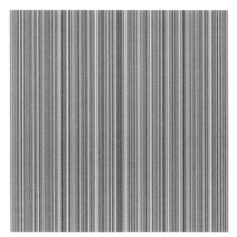

（e）TMCP-SDM 分离的条带分量

图 3.10　各算法的条带噪声分离效果对比

在图 3.10 中，对 Mall 高光谱图像数据集第 3 波段的子图像进行随机分布（均值为 30，比率为 0.2），分别采用 LRTV、ASSTV、UTV、TVGS和本章方法 TMCP-SDM 模拟仿真分离条带噪声分量。从图 3.10（c）的结果可见，UTV 的结果仍然存在一些残留条带，并表现出明显的过平滑伪影，条带噪声分量的提取不充分。而 LRTV 和 ASSTV 算法模型均以核范数进行估计，极易在条带上产生明显的平滑效应。而本章所提出的算法模型 TMCP-SDM 利用 Tchebichef 距的稀疏 TV 来保持图像结构，更重要的是，TMCP-SDM 算法模型利用非凸 MCP-norm 来表征条带噪声的低秩性，对条带分量进行正则化，可以显著提高条带噪声分量的识别能力，整体表现出较好的条带噪声分离性能，条带噪声的分离效果较其他方法更好，说明条带噪声提取更彻底，条带噪声的残留极少，对图像的还原效果更好，其分离效果如图 3.10（e）所示。

为了直观地比较 5 种典型的算法模型的效果，在实验参数相同的情况下，进行了客观评价指标 PSNR 和 SSIM 的对比，以客观实验数据的形式进行了客观比较，其数据对比详情如表 3.3 所示，其中 Intensity 表示条带的强度绝对平均值，r 表示图像上的条带覆盖区域与全部图像面积的比率。

表 3.3 不同方法在不同噪声水平下的 PSNR 值和 SSIM 值

强度绝对平均值		Intensity = 10		Intensity = 50		Intensity = 100	
条带覆盖区域占全部面积的比率		$r = 0.2$	$r = 0.6$	$r = 0.2$	$r = 0.6$	$r = 0.2$	$r = 0.6$
PSNR	LRTV	41.400 ± 3.601	41.702 ± 3.870	37.160 ± 1.975	37.553 ± 1.975	32.196 ± 1.457	32.501 ± 1.732
	ASSTV	42.037 ± 2.927	41.048 ± 2.909	41.710 ± 2.930	41.957 ± 2.928	40.614 ± 2.549	41.644 ± 2.836
	UTV	42.030 ± 3.229	41.032 ± 2.886	40.920 ± 2.773	43.086 ± 2.298	41.470 ± 3.385	41.058 ± 3.299
	TVGS	42.552 ± 2.955	42.630 ± 2.886	42.202 ± 3.058	43.533 ± 2.856	43.431 ± 3.091	43.801 ± 2.705
	TMCP-SDM	52.918 ± 4.074	49.497 ± 3.956	52.853 ± 4.910	49.212 ± 4.390	52.854 ± 4.902	49.182 ± 4.368

强度绝对平均值	Intensity = 10		Intensity = 50		Intensity = 100	
条带覆盖区域占全部面积的比率	$r = 0.2$	$r = 0.6$	$r = 0.2$	$r = 0.6$	$r = 0.2$	$r = 0.6$
SSIM LRTV	0.993 ± 0.0058	0.993 ± 0.0062	0.988 ± 0.0084	0.990 ± 0.0078	0.981 ± 0.0103	0.984 ± 0.0085
ASSTV	0.996 ± 0.0029	0.996 ± 0.0029	0.996 ± 0.0031	0.996 ± 0.0032	0.996 ± 0.0033	0.996 ± 0.0037
UTV	0.995 ± 0.0027	0.995 ± 0.0027	0.991 ± 0.0025	0.992 ± 0.0023	0.995 ± 0.0024	0.993 ± 0.0076
TVGS	0.999 ± 0.0107	0.994 ± 0.0056	0.993 ± 0.0044	0.994 ± 0.0032	0.993 ± 0.0047	0.995 ± 0.0031
TMCP-SDM	0.999 ± 0.0007	0.998 ± 0.0011	0.999 ± 0.0013	0.998 ± 0.0016	0.999 ± 0.0062	0.998 ± 0.0019

表 3.3 的数据表明，与 LRTV、ASSTV、UTV、TVGS 相比，在实验参数相同的情况下，TMCP-SDM 算法模型能在 PSNR 和 SSIM 两大指标上获得较好的数据表现，整体呈现出较好的性能。

为了进一步比较、分析、验证各算法在去除条带噪声方面的优劣，分别绘制出上述参与对比的 5 种算法模型的影像列均值曲线图，从而获得较为客观的比较，如图 3.11 所示。

图 3.11 分别对不同的模型绘制了去噪影像列均值曲线，通过绘图的结果可看出，图 3.11（f）所代表的 TMCP-SDM 模型，根据条带的低秩和方向性先验特点，采用了非凸 MCP-norm 来表征条带噪声的低秩性，可以有效地将条带分量和图像分离，同时对图像的 Tchebichef 距的稀疏 TV 正则化可以提供没有条带噪声分量的干净无噪图像。由于 Tchebichef 距在图像形状等细节信息上具有较强的鲁棒性，模型采用了 Tchebichef 距约束和 TV

全变分正则化后在图像结构保持方面都优于其他比较方法。

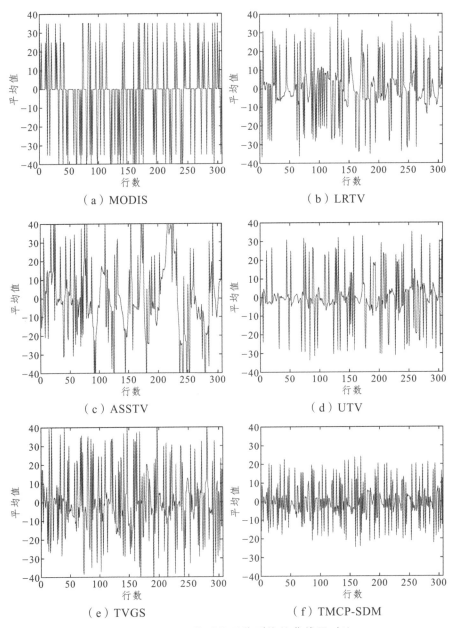

图 3.11　各去噪模型的影像列均值曲线图对比

本章中设计的基于最小最大非凸惩罚范数 MCP 约束、单向 Tchebichef 距差分自适应全变分正则化的去条带算法模型 TMCP-SDM，以条带噪声特征分析为切入点，通过分析影像条带噪声的各自特点，利用 MCP 约束和单向 Tchebichef 距差分自适应全变分正则化实现了模型设计，并采用交替方向乘子法 ADMM 优化求解，获得了良好的性能和效果。

此外，TMCP-SDM 算法模型采用方向差分描述条带平滑特征，针对条带噪声的低秩分布特点则采用非凸 MCP-norm 代替其他方法的 ℓ_1 范数来进行描述，该思路更符合条带噪声的应用场景和实际情况。为验证本部分方法的有效性，利用周期性条带噪声和非周期性随机分布条带噪声去除实验进行了上述的测试，从视觉效果、PSNR 和 SSIM 等定性与定量指标实验结果可知，本章提出的算法模型 TMCP-SDM 在条带噪声去噪方面表现出更明显的优势。

3.7　去条带噪声的 WBS-MCP 模型

去条带噪声的诸多算法中，很多算法在去除条带的同时，也丢失了图像的细节信息，这对后续的图像应用造成了极大的阻碍，甚至于对图像造成了破坏。因此，为了避免条带噪声去除过程中丢失影像细节，此处提出一种基于加权块稀疏（Weighted Block Sparsity，WBS）正则化联合最小最大非凸惩罚（Minimax Concave Penalty，MCP）约束的 HSI 条带噪声去除方法，即 WBS-MCP 算法模型。

WBS-MCP 算法模型考虑 HSI 的光谱特征和非周期条带噪声的稀疏结构特征，采用加权 $\ell_{2,1}$ 和 MCP 范数对条带噪声分量的稀疏性和低秩性进行约束，同时利用 ℓ_1 对干净图像的水平边缘约束保证图像结构平滑，采取交替方向乘子算法 ADMM 迭代求解对应模型，分离出条带噪声分量。WBS-MCP 模型使用非凸 MCP 范数来表征条带噪声的低秩性，因为非凸近似逼近低秩方法比使用 ℓ_1 和核范数等凸近似方式来代替 ℓ_0 和 rank 函数能更加准确地体现低秩性和稀疏性。此外，加权 $\ell_{2,1}$ 正则化可以减轻估计图像的阶梯效应。因此，WBS-MCP 模型在保持影像边缘和加强区域平滑性方面具有良好的优势，特别是对于非周期条带噪声去除获得了更好的效果。

3.7.1 条带噪声描述和单向变分模型

假设高光谱图像为 $\mathcal{Y} \in \mathbb{R}^{M \times N \times B}$ 间大小为 $M \times N$（空间长度×空间宽度），光谱波段数为 B，将高光谱图像的条带噪声定性为加性噪声，则含噪的高光谱图像的模型为

$$\mathcal{Y} = \mathcal{X} + \mathcal{S} \tag{3-34}$$

式中，$\mathcal{Y}$ 表示含噪 HSI 图像；$\mathcal{X}$ 表示无噪声的 HSI 图像；$\mathcal{S}$ 表示条带噪声；$\mathcal{Y}$ 是维数据，大小为 $M \times N \times B$。HSI 条带噪声去除就是从观测到的噪声图像中还原出具有图像本身特征潜在影像 $\mathcal{X}$，为了更好地描述条带噪声的低秩和稀疏性，以图像块为单位将高光谱图像沿条带垂直方向和光谱方向利用滑动窗口分解为块矩阵，具体描述如图 3.12 所示，采用二维矩阵数据描述，形式如式（3-35）所示：

$$Y = X + S \tag{3-35}$$

式中，Y，X，S 表示高光谱图像按图像块分解后的观测图像矩阵、干净图像矩阵和条带噪声矩阵。

Chang Y 等提出构造最小化单向全变分 UTV 能量函数实现条带去除算法，其模型描述如式（3-36）所示：

$$\min_{X_i, S_i} \left\{ \left| \nabla_y (Y_i - X_i) \right|_1 + \lambda \left| \nabla_x X_i \right|_1 \right\} \tag{3-36}$$

式中，第一项为分离噪声的保真项，即保持原始图像竖直方向偏导数；第二项为恢复图像平滑约束项，λ 为正则化项参数，$| \, |_1$ 表示 ℓ_1 范数。在式

（3-36）模型中，UTV 模型能够有效地处理遥感图像的去条带问题，可以在不破坏底层图像细节的同时去除条带噪声，能较好地保持图像的边缘和结构，但 UTV 仅考虑图像本身具有影像结构特征和局部分段平滑特性，没有较好地利用条带噪声的方向性和结构性，对高光谱图像的低秩和稀疏特性约束依然不够准确。所以，需要引入 MCP 算子作为约束项，MCP 算子依然采用 3.4 小节中的描述形式，引入 MCP 算子便能较好地实现低秩和系数习性约束。因此，基于 MCP 正则化最小二乘优化问题模型便可表示为式（3-37）的形式：

$$\min_{\boldsymbol{K},\boldsymbol{L}}\|\boldsymbol{K}\|_{\text{MCP}}+\frac{1}{2}\|\boldsymbol{K}-\boldsymbol{L}\|_{2}^{2},\boldsymbol{K}\in\mathbb{R}^{p\times q} \text{ and } \boldsymbol{L}\in\mathbb{R}^{p\times q} \qquad（3-37）$$

MCP 约束惩罚函数 $\|\ \|_{\text{MCP}}$ $K=T_{\alpha,\beta}(L)$。于是，便能较好地描述 WBS-MCP 算法模型。

3.7.2　WBS-MCP 模型描述

鉴于高光谱图像本身具有影像结构特征和局部分段平滑特性，将条带噪声影像具有全局低秩性和稀疏特性两个先验信息作为正则化约束项，便能实现分离条带噪声的作用。从条带噪声的低秩结构特点分析可知，条带噪声分量是由一定规律的条带噪声线组成的，表现出较好的低秩特性。因此，充分利用含条带噪声的高光谱图像的全局低秩性和稀疏性，并将二者作为正则化约束项，使得条带噪声的分离具有可行性，通过图 3.12 的描述便能构建出 WBS-MCP 算法模型的组成结构。

WBS-MCP 去条带模型将 MCP 约束和加权 $\ell_{2,1}$ 融入式（3-36）的 UTV 模型中，联合空间-光谱下条带低秩和稀疏性正则化项，构成了 WBS-MCP 算法模型。其描述如式（3-38）所示：

$$\min_{\boldsymbol{X},\boldsymbol{S}}\left\{\lambda_{1}\|\nabla_{y}\boldsymbol{S}\|_{\text{MCP}}+\lambda_{2}\|\boldsymbol{S}\|_{w,2,1}+\lambda_{3}\|\nabla_{x}\boldsymbol{X}\|_{1}\right\} \qquad（3-38）$$

式中，λ_1，λ_2，λ_3 为负参数，$\|\boldsymbol{S}\|_{w,2,1}$ 表示加权 $\ell_{2,1}$ 范数，定义为

$$\|\boldsymbol{S}\|_{w,2,1} = \sum_{i=1}^{m} w_i \|\boldsymbol{S}\|_{2,1} = \sum_{i=1}^{m} \frac{1}{\|\boldsymbol{S}_i\|_2 + \xi} \sum_j \boldsymbol{S}_i^2 ; \nabla_x \text{和} \nabla_y 分别表示水平和垂直$$

方向的微分算子。模型的第一项和第二项分别为条带噪声的低秩性和稀疏性约束，第三项为估计图像的水平方向的 TV 正则化项，能够增强估计图像结构的平滑性。

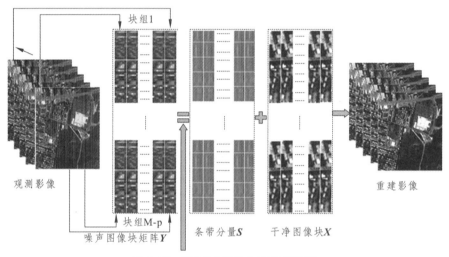

图 3.12　WBS-MCP 去条带模型图

在 WBS-MCP 模型中，采用 MCP 约束条带噪声分量梯度的正则化项，能更加近似逼近条带噪声的低秩特性。若采用 ℓ_1 来约束非条带噪声线向量，则其向量内的元素值全都等于 0。根据该特性，采用了 $\|\nabla_y \boldsymbol{S}\|_{MCP}$ 非条带噪声向量的稀疏结构来约束条带噪声分量，提高恢复能力。此外，为了更好地适应非周期性条带噪声，使用加权 $\ell_{2,1}$ 来表达条带噪声分量的稀疏性，在垂直方向的 TV 全变分正则化模型可以有效地保留垂直边界；采用 ℓ_1 对高光谱影像结构正则化平滑约束，在保留地物边缘方面，均能获得较好的效果。

3.7.3　WBS-MCP 模型优化求解

WBS-MCP 模型的优化求解采用方向交替乘子法 ADMM，利用 ADMM 优化算法将 WBS-MCP 新模型（式（3-38））分解成多个简单的子问题，然后反复迭代计算。通过引入两个辅助变量 $Q = \nabla_y S$，$D = \nabla_x X$，式（3-38）（WBS-MCP 模型）可重写为式（3-39）的形式：

$$\min_{X,S}\left\{\lambda_1\|Q\|_{\text{MCP}} + \lambda_2\|S\|_{w,2,1} + \lambda_3\|D\|_1\right\} \text{ s.t. } Q = \nabla_y S,\ D = \nabla_x X \quad (3\text{-}39)$$

由于模型中目标函数的 4 个变量具有可分性，通过交替最小化方法求解式（3-39）的问题，使用增广拉格朗日函数重写为式（3-40）的形式：

$$
\begin{aligned}
& E_\rho\left(X,S,Q,D,G_1,G_2\right) \\
& = \lambda_1\|Q\|_{\text{MCP}} + \lambda_2\|S\|_{w,2,1} + \lambda_3\|D\|_1 + \langle Q - \nabla_y S, G_1\rangle + \\
& \frac{\rho}{2}\left\|Q - \nabla_y S\right\|_F^2 + \langle D - \nabla_x X, G_2\rangle + \frac{\rho}{2}\left\|D - \nabla_x X\right\|_F^2
\end{aligned}
\quad (3\text{-}40)
$$

式中，G_1，G_2 分别为与 $Q = \nabla_y S,\ D = \nabla_x X$ 约束的拉格朗日乘数；ρ 为惩罚参数。

为了使优化算法易于处理，笔者提出了基于 ADMM 迭代求解非凸 TMCP-SDM 去条带噪声模型，设定求解第 $k+1$ 次各个变量，流程如下。

（1）针对求解估计图像 X^{k+1}，估计图像 X 通过式（3-41）模型求解：

$$E_\rho\left(X\right) = \frac{\rho}{2}\left\|D - \nabla_x X + \frac{G_2}{\rho}\right\|_F^2 \quad (3\text{-}41)$$

式（3-41）是一个典型的最小二乘模型，其闭合解为式（3-42）的形式：

$$X^{k+1} = \frac{\nabla_x^{\text{T}}}{\rho^k}\left(D^k + \frac{G_2^k}{\rho^k}\right) \quad (3\text{-}42)$$

（2）针对求解估计条带 S^{k+1}，固定 Q，G_1，条带 S 可以通过式（3-43）最小化问题来求解：

$$E_\rho(S) = \lambda_2 \|S\|_{w,2,1} + \frac{\rho}{2} \left\| Q - \nabla_y S - \frac{G_1}{\rho} \right\|_F^2 \qquad (3-43)$$

式（3-43）参照 L.Zhang 等的加权 $\ell_{2,1}$ 最小化问题求解，定义的矩阵元素的软阈值操作符算子可求解 S 为式（3-44）的形式：

$$S^{k+1} = \max\left(\|V^k\|_2 - \frac{\lambda_2 w^k}{\rho^k}, 0 \right) \frac{V^k}{\|V^k\|_2} \qquad (3-44)$$

式中，$V = \nabla_y^T Q - \nabla_y^T \frac{G_1}{\rho}$ ； $w = [w_1, w_2 \cdots w_m]$ ； $w_i = \frac{1}{\|S_i\|_2 + \xi}$ 。

（3）针对求解辅助变量 Q^{k+1}，固定 S，G_1，Q 可以通过式（3-45）子问题求解：

$$E_\rho(Q) = \lambda_1 \|Q\|_{MCP} + \frac{\rho}{2} \left\| Q - \left(\nabla_y S - \frac{G_1}{\rho} \right) \right\|_F^2 \qquad (3-45)$$

用 $\Lambda^k = \nabla_y S^k - \frac{G_1^k}{\rho^k}$ 表示，公式（3-45）是典型的基于 MCP 正则化最小二乘优化问题模型。根据 You J 等的最优求解方法，可求解如式（3-46）的形式：

$$Q^{k+1} = T_{\alpha,\beta,\rho}(\Lambda^k) \qquad (3-46)$$

（4）针对求解辅助变量 D^{k+1}，固定 X，G_2，D 通过式（3-47）子问题求解：

$$E_\rho(D) = \lambda_3 \|D\|_1 + \frac{\rho}{2} \left\| D - \left(\nabla_x X - \frac{G_2}{\rho} \right) \right\|_F^2 \qquad (3-47)$$

式（3-47）是典型的 ℓ_1 最小化问题。对于 ℓ_1 最小化问题，定义矩阵软阈值操作符算子，其闭式解如式（3-48）所示：

$$\boldsymbol{D}^{k+1} = \text{shrink } L_1\left(\nabla_x \boldsymbol{X}^k - \frac{\boldsymbol{G}_2^k}{\rho^k}, \frac{\lambda_3}{\rho^k}\right) \qquad （3\text{-}48）$$

式中，$\text{shrink } L_1(l,\tau) = \text{sign}(l) \times \max(|l| - \tau, 0)$ 。

（5）拉格朗日乘数 $\boldsymbol{G}_1^{k+1}$，$\boldsymbol{G}_2^{k+1}$ 更新公式如式（3-49）所示：

$$\begin{cases} \boldsymbol{G}_1^{k+1} = \boldsymbol{G}_1^k + \kappa_1(\boldsymbol{Q}^k - \nabla_y \boldsymbol{S}^k) \\ \boldsymbol{G}_2^{k+1} = \boldsymbol{G}_2^k + \kappa_2(\boldsymbol{D}^k - \nabla_y \boldsymbol{S}^k) \end{cases} \qquad （3\text{-}49）$$

式中，κ_1 和 κ_2 为收缩参数，结合上述已解决的子问题，采用多步迭代求解，直到满足收敛条件 $\dfrac{\left\| \boldsymbol{X}^{k+1} - \boldsymbol{X}^k \right\|_F}{\left\| \boldsymbol{X}^k \right\|_F} \leq \delta$，$\delta$ 为设定的参数。

3.7.4　算法流程和整体技术流程描述

对观测高光谱图像 $\mathcal{Y} \in \mathbb{R}^{M \times N \times B}$ 从波段 1 到波段 B 对应的空间位置，先沿垂直和波段方向滑动窗口（大小为 $p \times p$）滑动，然后从左到右方向依次获取图像块，并转化为图像块矩阵 $\boldsymbol{Y} \in \mathbb{R}^{p^2 \times t}$，$t$ 为滑动窗口图像块数量，间隔距离为 $r > \dfrac{p}{2}$ 后利用 WBS-MCP 模型求解，流程如下所述，最后将分解得到的 $\boldsymbol{X}$ 重构，对于多个图像块重叠的位置使用中值滤波确定值，获得清晰的高光谱图像。WBS-MCP 模型去除条带噪声的优化求解过程描述如（1）~（7）所述。

（1）输入和图像块矩阵构建：将观测 HSI 图像 $\mathcal{Y} \in \mathbb{R}^{M \times N \times B}$ 转化为图像块矩阵 $\boldsymbol{Y} \in \mathbb{R}^{p^2 \times t}$，$p = 3$。

（2）参数初始化设置：$\boldsymbol{Y} = \boldsymbol{X}$，$\boldsymbol{S} = \boldsymbol{Q} = \boldsymbol{D} = \boldsymbol{G}_1 = \boldsymbol{G}_2 = 0$，$\alpha = 1$，$\beta = 1$，$\xi = 10^{-5}$，$\delta = 10^{-7}$，$k$ 为循环次数，$k = 0$。

（3）重复执行（4）~（6）步。

（4）通过（3-42）式更新 $\boldsymbol{X}^{k+1}$，通过（3-44）式更新 $\boldsymbol{S}^{k+1}$，通过（3-46）式更新 $\boldsymbol{Q}^{k+1}$，通过（3-48）式更新 $\boldsymbol{D}^{k+1}$。

（5）通过（3-49）式更新拉格朗日乘数和惩罚参数，$k=k+1$。

（6）直到满足 $\dfrac{\left\|\boldsymbol{X}^{k+1}-\boldsymbol{X}^{k}\right\|_{\mathrm{F}}}{\left\|\boldsymbol{X}^{k}\right\|_{\mathrm{F}}} \leqslant \delta$ 迭代条件。

（7）重构图像并输出，将获得的低秩分量图像 $\hat{\boldsymbol{X}}$，重构获得最终的干净高光谱图像。

为了清晰表达整个技术流程，图 3.13 描述了从获取的观测高光谱影像到模型求解，以及最终重建干净无噪的高光谱图像的流程。

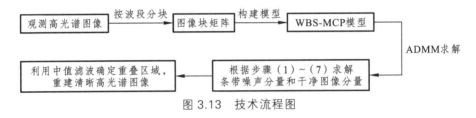

图 3.13　技术流程图

3.7.5　实验结果与分析

为了验证 WBS-MCP 模型的有效性，分别对仿真高光谱图像和真实带条带的高光谱图像进行条带噪声去噪，并与 UTV 模型、RBSD 模型、WLRGSD 模型和 TVNLR 模型 4 种性能表现较好的去条带方法进行对比，结合视觉效果、平均峰值信噪比（MPSNR，单位为 dB）、特征结构相似性因子（MFSIM）、平均等效视数（ENL）和边缘保持指数（EPI）等客观评价指标以及谱线曲线，综合评价实验结果。

测试机环境：Matlab 2015a；Intel（R）Core（TM）i5-2520M CPU @ 2.5；RAM：8.00 GB。

3.7.6　仿真数据实验

模拟实验中，选用了 Hydice Urban 数据集和 Mall 高光谱图像集作为试验数据源，并从中抽取 256×256×40 像素波段大小的子图像，进行周期性和非周期性条带降噪处理。为保证实验效果及对比分析的公平性，对于给定的实验数据，每种对比方法中的参数值，保持全局一致性。

1. 周期性去条带噪声实验

选取 Hydice Urban 数据集做实验，在图像中添加周期性条带噪声（均值：30，比率：0.25）后，分别采用各算法去除条带噪声并做性能比较。图 3.14 所示为 Hydice Urban 数据集第 5 波段的图像，经过各种算法模拟仿真去除周期性条带噪声后复原图像的视觉效果。

（a）原始图像

（b）降质图像

（c）UTV

（d）RBSD

（e）WLRGSD　　　　　　　　　　　　　（f）TVNLR

（g）WBS-MCP

图 3.14　Mall 波段 5 的周期条带去条带恢复效果比较

　　从图 3.14（c）、（d）、（e）中可以发现，UTV、RBSD 和 WLRGSD 方法的周期条带去除效果图依然存在垂直方向的少量条带信息；图 3.14（f）的 TVNLR 方法采用了非凸低秩近似，整体图像结构视觉效果较好，但也存在局部细节丢失；而图 3.14（g）的 WBS-MCP 算法的视觉效果更接近于原始图像的整体结构，其地物的细节保留效果更突出。

在条带噪声的分离性能方面，图 3.15 给出了以上 5 种算法的条带噪声分离的视觉效果。

（a）周期条带

（b）UTV

（c）RBSD

（d）WLRGSD

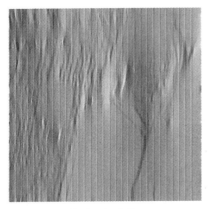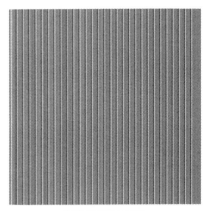

（e）TVNLR　　　　　　　　　　（f）WBS-MCP

图 3.15　各算法的条带噪声分离效果对比

图 3.15 各子图展示了条带噪声分量分离的实验结果，其比较效果明显，UTV、RBSD、WLRGSD 和 TVNLR 4 种方法的条带分量分离不够完整，还携带了少量的影像本身信息，图 3.15（g）为 WBS-MCP 算法模型分离条带噪声的效果，它所提取的条带与原始条带图 3.15（a）保持较好的一致性，故采用 WBS-MCP 模型分离的条带噪声更准确、完整，没有残留图像信息，分离效果更好。

为了客观地表征各算法模型的性能，表 3.4 汇总对比了 UTV、RBSD、WLRGSD、TVNLR 和 WBS-MCP 5 种算法模型的性能参数，采用平均峰值信噪比（MPSNR，单位符号为 dB）、特征结构相似性因子（MFSIM）两种客观评价指标进行比较。

从表 3.4 所示的数据可知，WBS-MCP 算法模型比其他 4 种方法能获得更高的指标性能值，这是因为 WBS-MCP 从空域和光谱域联合考虑条带噪声的方向特性、低秩性和结构稀疏性等特点，特别是以波段为单位将影像分割成块组，利用光谱的低秩特征构建模型，获得了更佳的去条带性能。

为了清楚地展示影像重建结果，对 Mall 高光谱图像集第 20 波段图像用 5 种典型的算法绘制了估计谱特征曲线，通过曲线进行比较分析，如图 3.16 所示。

表 3.4　去除条带噪声的算法性能对比

噪声水平	指标名称	Degraded	RBSD	UTV	WLRGSD	TVNLR	WBS-MCP
(10, 0.1)	MPSNR	31.37	38.95	38.86	39.46	39.58	40.34
	MFSIM	0.807 6	0.979 5	0.872 7	0.985 7	0.986 9	0.988 9
(15, 0.15)	MPSNR	27.56	37.71	36.98	37.45	39.12	39.78
	MFSIM	0.614 7	0.954 1	0.790 9	0.920 8	0.957 8	0.979 9
(20, 0.2)	MPSNR	22.49	36.79	28.58	36.55	36.08	38.28
	MFSIM	0.400 7	0.947 6	0.662 8	0.943 8	0.941 4	0.987 4
(25, 0.25)	MPSNR	17.28	32.98	22.69	33.34	33.78	36.57
	MFSIM	0.145 3	0.882 6	0.464 4	0.884 3	0.891 4	0.971 2
(30, 0.3)	MPSNR	20.73	30.78	26.14	30.47	31.48	32.09
	MFSIM	0.476 0	0.862 7	0.583 7	0.869 7	0.869 8	0.934 9

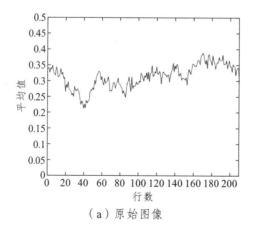

（a）原始图像

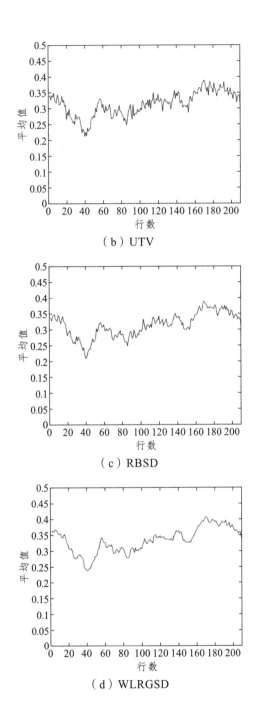

（b）UTV

（c）RBSD

（d）WLRGSD

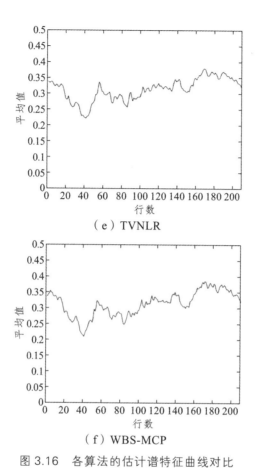

（e）TVNLR

（f）WBS-MCP

图 3.16　各算法的估计谱特征曲线对比

　　如图 3.16（a）所示，由于条带和其他噪声的影响，原始波段图像的谱特征曲线中出现了较多波动，曲线不平滑，毛刺较多。用图 3.16（b）至图 3.16（f）所示的不同方法恢复后，参与比较的算法模型在一定程度上抑制了波动，但图 3.16（b）至图 3.16（c）的曲线中还存在一些微小的波动，表明图像中的部分混合噪声依然保留在图像中。谱特征曲线结果表明，图 3.16（d）、（e）和（f）的曲线波动平缓，表现出良好的平滑效果，但是从所示细节可见，图 3.16（f）所代表的 WBS-MCP 算法模型得到的恢复曲线明显更平滑，无尖刺现象，比其他方法的平滑效果更优，据此便可说明

WBS-MCP 算法在去除高光谱条带噪声方面效果更突出。

2. 非周期性去条带噪声实验

本实验以 Mall 高光谱图像部分子图像集为数据源，加入合成的随机分布非周期性条带。图 3.17 所示为参与对比分析的 5 种不同算法对 Mall 高光谱图像数据集第 3 波段图像进行仿真去条带恢复图像视觉效果，其中随机分布非周期条带噪声的均值为 30，比率为 0.2。

图 3.17 所示显示各种方法的去条带结果。通过图 3.17（c）可以看出，用 UTV 方法恢复的图像的结构细节丢失，同时还可以观察到一些残留的条带噪声，并抑制与条带方向相同的图像结构。从图 3.17（d）至图 3.17（f）也可以发现，经过对应的算法模型去条带噪声后，其图像结构有一定的破坏，图像中仍然存在一些残留条带，去条带噪声不彻底。WBS-MCP 算法的实验效果如图 3.17（g）所示，恢复图像人工痕迹不明显，条带被较好地去除，同时图像结构保留较完整。与 LRTV 和 TVGS 相比，WBS-MCP 算法利用加权的 $\ell_{2,1}$ 描述非周期条带稀疏性，较好地保持了图像结构。更重要的是，WBS-MCP 算法模型利用非凸 MCP 约束来表征条带噪声的低秩性，可以显著提高条带分量的识别能力。

（a）原始图像 （b）降质图

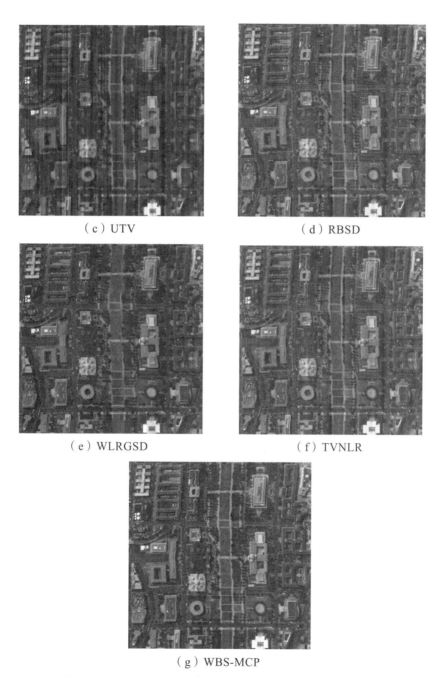

（c）UTV　　　　　　　　　　　　（d）RBSD

（e）WLRGSD　　　　　　　　　　（f）TVNLR

（g）WBS-MCP

图 3.17　Mall 波段 3 图像的非周期条带去噪恢复效果比较

此外,利用列均值曲线对 UTV、RBSD、WLRGSD、TVNLR 和 WBS-MCP 5 种算法模型的去条带噪声的效果进行比较分析,通过曲线可以较直观的获得比较结果,如图 3.18 所示。

从图 3.18 可见,图 3.18(b)至图 3.18(e)的曲线中均含有较为明显的条带噪声分量,相比之下图 3.18(f)所代表的 WBS-MCP 算法模型去噪后的影像列均值曲线中所包含的条带噪声较少,对图像的干扰和影响最小。

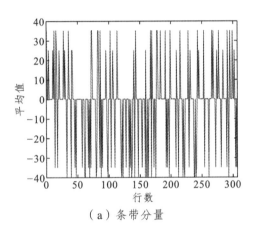

(a)条带分量

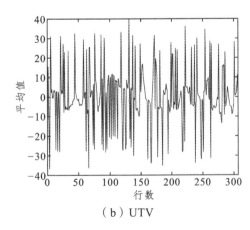

(b)UTV

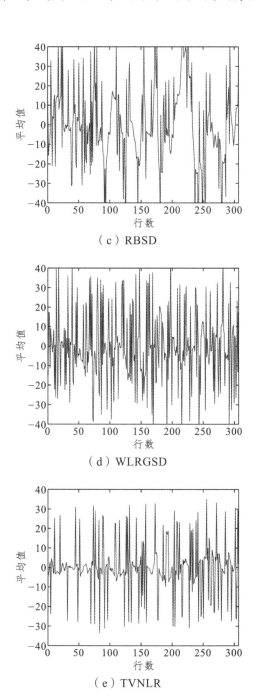

（c）RBSD

（d）WLRGSD

（e）TVNLR

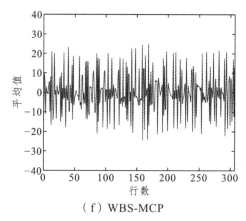

（f）WBS-MCP

图 3.18 去噪影像列均值曲线图对比

3.7.7 真实数据实验

为了说明本文方法的实用性，笔者选取了两幅受到周期噪声和非周期噪声污染的真实高光谱图像集 Terra MODIS 进行实验，通过上述 5 种算法的处理结果进行视觉对比，图 3.19 和图 3.20 所示分别给出了两幅真实高光谱图像集波段 8 和波段 34 的去条带噪声的处理结果。

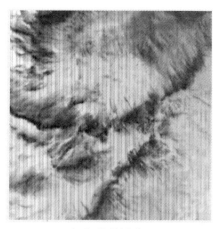

（a）降质图像

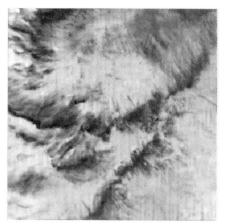

（b）UTV

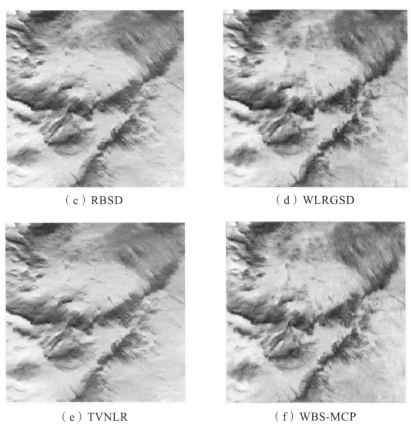

（c）RBSD　　　　　　　　　（d）WLRGSD

（e）TVNLR　　　　　　　　（f）WBS-MCP

图 3.19　真实周期噪声影像波段 8 的去条带视觉效果图对比

（a）降质图像　　　　　　　　（b）UTV

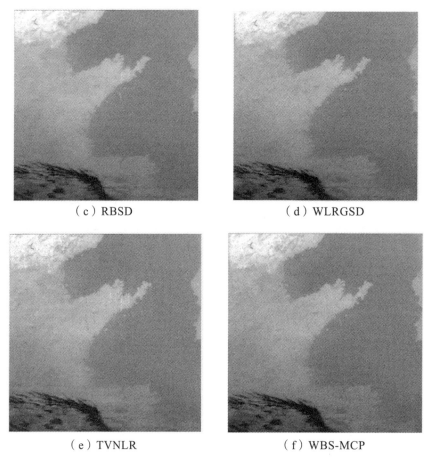

（c）RBSD　　　　　　　　　　（d）WLRGSD

（e）TVNLR　　　　　　　　　　（f）WBS-MCP

图 3.20　真实非周期噪声影像波段 34 的去条带视觉效果图

图 3.19 和图 3.20 所示分别为真实周期噪声影像和真实非周期噪声影像的去条带视觉效果，从图 3.19 中不难发现，UTV 方法去除条带依然不够理想，还保留部分条带在影像中，RBSD 和 TVNLR 方法丢失了部分重要细节结构信息，WBS-MCP 算法去除效果较好，细节和整体结构保留较完整。由于图 3.20（a）的图像遭受不均匀细条带干扰，非周期噪声去除难度增大，从图中可以发现参与对比分析的 4 种方法所得到的结果仍有部分条带残留，而 WBS-MCP 的去噪效果优于其他 4 种算法，表现出良好的性能。

为了进一步分析论证 WBS-MCP 算法的效果，图 3.21 绘制了 5 种算法模型的能量谱曲线图，通过能量谱曲线图能直观地比较各算法的性能对比情况。

图 3.21 所示为 Terra MODIS 波段 8 图像的去条带前后对比能量谱曲线图。从图 3.21（a）中可以发现，UTV 的能量谱曲线偏差最大；图 3.21（b）中 RBSD 整体保持基本一致，但在高频部分存在一定偏差；图 3.21（c）中 WLRGSD 和图 3.21（d）中 TVNLR 效果相对较好，只存在少量的偏差；而图 3.21（e）中 WBS-MCP 算法模型的两条曲线几乎重合，说明在整个频谱分布上二者基本保持一致，证明 WBS-MCP 算法模型在去条带时能更好地保留图像原本的频谱信息。

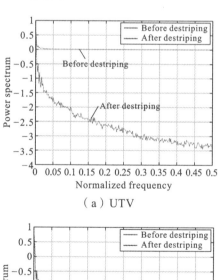

（a）UTV

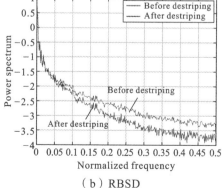

（b）RBSD

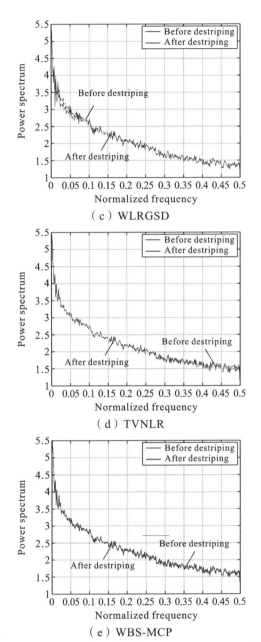

（c）WLRGSD

（d）TVNLR

（e）WBS-MCP

Normalized frequency—归一化频率；Power spectrum—能量谱；
Before destriping—去除条纹噪声前；After destriping—去除条纹噪声后。

图 3.21　能量谱曲线图对比

在真实数据实验中对 Terra MODIS 数据集使用平均等效视数（ENL）和边缘保持指数（EPI）进行定量评估，具体参数如表 3.5 所示。

表 3.5　高光谱图像客观评价指标对比表

评价指标	Degraded	RBSD	UTV	WLRGSD	TVNLR	WBS-MCP
ENL	28.48	80.57	76.64	81.47	81.98	83.47
EPI	—	0.901 4	0.897 8	0.904 7	0.900 1	0.960 7

从表 3.5 可以看出，WBS-MCP 算法模型去条带后的图像 ENL 指标和 EPI 指标值比其他算法都有一定的提升，由此也验证了本文方法在保留图像信息上的能力要高于比较算法。

WBS-MCP 算法模型利用 MCP 范数和加权 $\ell_{2,1}$ 约束的低秩特性较好地刻画条带噪声，同时，经典 UTV 正则化项模型能准确提取图像的主要结构信息，较好地保留估计影像的边缘和纹理结构等信息。通过模拟数据和真实数据的周期性和非周期条带噪声去除，并与多种同类优秀性能算法比较，WBS-MCP 模型采用了非凸 MCP 表征条带噪声的低秩性，可以有效地将条带分量和图像分离，同时加权 $\ell_{2,1}$ 约束在图像结构保持方面也优于其他算法模型。

3.8　本章小结

在本章中提出了两个去除条带噪声的算法模型，分别是基于 MCP 低秩近似和 Tchebichef 距约束的全变分去条带噪声模型 TMCP-SDM，以及基于加权块稀疏联合非凸低秩约束的高光谱图像去条带噪声算法模型 WBS-MCP。这两个模型的设计均以张量低秩稀疏理论为核心并充分地考虑了条带噪声在方向性、低秩性、稀疏性方面的典型特征，并以此为切入点，结合全变分 TV 正则化约束、极小极大非凸惩罚 MCP、单向

Tchebichef 距差分等要素，利用 MCP 范数和加权 $\ell_{2,1}$ 约束的低秩特性较好地刻画条带，在去除条带噪声的同时，能较好地保留地物边缘和细节。通过仿真条带噪声去噪实验和真实含噪图像去噪实验，本章中的两种算法模型 TMCP-SDM 和 WBS-MCP 均能取得良好的实验效果，获得良好的性能参数。

第 4 章

高维图像的混合噪声去除

在高维图像数据中，噪声的出现往往不是单一的。比如，高光谱图像在成像和传输过程中由于电子器件的性能因素势必会产生多种类型的噪声，典型噪声为高斯噪声、脉冲噪声、条带噪声等，还有其他随机出现的多种噪声。于是，不同种类的噪声会同时出现在高光谱图像的波段中，从而形成了混合噪声。混合噪声的出现严重影响了高光谱图像的质量，降低了高光谱图像的应用，甚至严重的混合噪声将导致高光谱图像不可用，为了保证高光谱图像的后续应用，去除高光谱波段中的混合噪声成了高光谱图像预处理的重要方面。

4.1 混合噪声的成分

顾名思义，混合噪声指的是在高光谱图像的一个波段中，多种噪声叠加出现，形成复杂的多噪声污染，使得噪声变得复杂。单一的去噪方法效果很差，而且往往形成累积失真，从而导致最终的高光谱图像严重失真而降低或者失去应用价值。因此，将高光谱图像中的典型噪声类型进行阐述和分析是研究去噪方法的前提，具体如下。

4.1.1 高斯噪声

高斯噪声（Gaussian Noise）是高光谱图像中最常见的噪声之一，经常不可预料地出现在高光谱图像的某些波段中，它的概率密度函数（Probability Density Function，PDF）服从高斯分布，又叫作正态分布。

高斯噪声在成像和采集环节出现的概率最大，主要是因为电子器件在工作过程中，电子器件本身在电流通过时会产生阻碍，或者电子器件因温度过高以及电子器件之间的相互干扰而产生副作用。当前的成像、采集、传输设备均为电子设备，所以往往使得高斯噪声无法避免，使其频繁地出现在普通的数字图像和高光谱图像中，其视觉形态如图4.1所示。

（a）原图　　　　　　　　（b）混入高斯噪声的图

图4.1　原图与出现高斯噪声的图对比

高斯噪声可以用数学表达式进行描述，当高斯噪声的维度不同时，其概率密度函数的表达式也不同，其中一维的高斯分布表达式为

$$f(x) = \frac{1}{\sqrt{2\pi}\sigma}\exp\left(-\frac{(x-\mu)^2}{2\sigma^2}\right) \tag{4-1}$$

式中，μ为噪声的均值，σ为噪声的标准差。当$\mu=0$，$\sigma=0$时，式（4-1）表示噪声呈现出标准正态分布。

根据式（4-1）可绘制一维高斯正态分布的概率密度函数图，如图4.2所示。

在图4.2中，当对μ取不同的值时，高斯噪声的概率密度函数曲线依然服从正态分布，但是曲线的形状有所不同，其中μ决定了坐标轴的位置，而σ决定了曲线的高度。

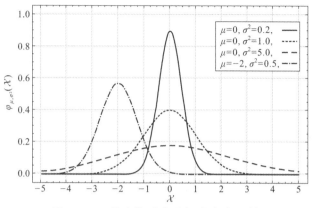

图 4.2　一维高斯分布的概率密度函数

在数字图像中，由于图像是二维的，则高斯噪声也为二维形式，其概率密度函数如式（4-2）所示：

$$G(x, y) = \frac{1}{\sqrt{2\pi\sigma^2}} \exp\left(-\frac{(x^2 + y^2)^2}{2\sigma^2}\right) \tag{4-2}$$

根据式（4-2），可绘制出二维高斯分布的概率密度函数的图形，如图 4.3 所示。

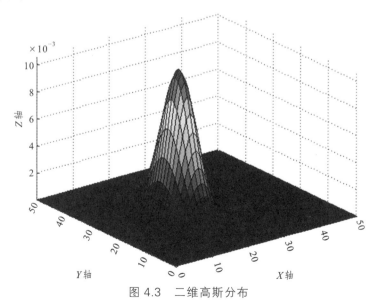

图 4.3　二维高斯分布

从图 4.3 可见，二维高斯分布在 x 轴和 y 轴上，均满足正态分布，从而呈现二维的正态分布形态。

在二维的基础上继续延伸，可获得多维高斯分布的概率密度函数表达式，如式（4-3）所示：

$$N(X \mid \boldsymbol{\mu}, \boldsymbol{\Sigma}) = \frac{1}{(2\pi)^{\frac{D}{2}} \cdot |\boldsymbol{\Sigma}|^{\frac{1}{2}}} \cdot e^{-\frac{(X+\boldsymbol{\mu})^{\mathrm{T}} \cdot \boldsymbol{\Sigma}^{-1} \cdot (X-\boldsymbol{\mu})}{2}} \tag{4-3}$$

式（4-3）中，X 表示维度 D 的向量；$\boldsymbol{\mu}$ 表示变量各自的均值 u_i 的向量；$\boldsymbol{\Sigma}$ 表示所有的协方差构成的 $N \times N$ 矩阵，$\boldsymbol{\Sigma}^{-1}$ 表示 $\boldsymbol{\Sigma}$ 矩阵，也是一个 $N \times N$ 阵。

在高光谱图像中，高斯噪声会不可预料地出现在某些波段中，波段图像是二维的，所以噪声符合式（4-3）和图 4.3 的形式。在后续的叙述中，如果没有明确说明，则高斯噪声都是默认指二维高斯噪声，其概率密度函数符合式（4-3）和图 4.3 的表示。

4.1.2　高斯白噪声

高斯白噪声（White Gaussian Noise，WGN）是高斯噪声的一种特殊情况，它的概率密度函数（Probability Density Function，PDF）在整个域满足正态分布，又叫高斯分布，而它的功率谱密度（Power Spectral Density，PSD）在各个频率上满足均匀分布，像白光的频谱在可见光的频谱范围内均匀分布那样，所以，它又被形象地称为高斯白噪声。高斯白噪声是一种加性噪声，即一旦图像设备开始工作，其便被产生，然后以信号的方式加到了图像中，形成了图像的噪声。

高斯白噪声具备三个典型特点：

（1）噪声信号随机性；

（2）PDF 满足高斯分布；

（3）PSD 满足均匀分布。

这三个特点也是判定一种噪声是否属于高斯白噪声的标准。从图 4.4 和

图 4.5 可见高斯白噪声的 PDF 满足高斯分布，PSD 曲线满足均匀分布。

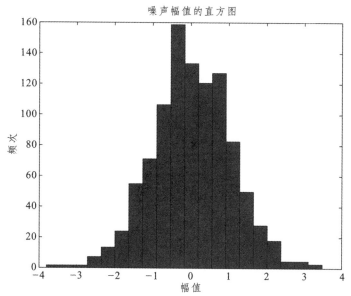

图 4.4　高斯白噪声的概率密度分布

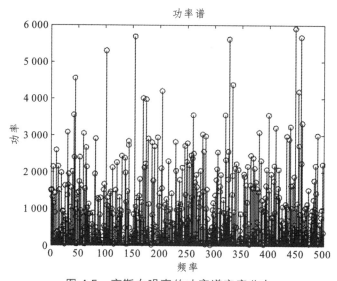

图 4.5　高斯白噪声的功率谱密度分布

高斯白噪声是高斯噪声的一种特殊情况，但是它的平均值为 0，特征值为 1，累计概率密度函数以 $\frac{1}{2}$ 为期望值，因此，它的概率密度函数可用式（4-4）来表示，而它的功率谱密度函数则可用式（4-5）表示：

$$f(x) = \frac{1}{2\pi} * \exp(-x^2) \qquad (4\text{-}4)$$

$$F(f) = \left(\frac{1}{2}\right)^{N_0} \qquad (4\text{-}5)$$

式（4-5）中，f 表示信号频率，N_0 表示双边功率密度。它的自相关函数可表示为式（4-6）的形式：

$$R_n(\tau) = \frac{N_0}{2}\delta(\tau) \qquad (4\text{-}6)$$

被高斯白噪声感染后的图像视觉效果如图 4.6 所示。

（a）原图　　　　　（b）感染高斯白噪声，噪声方差为 0.05

（c）感染高斯白噪声，噪声方差为 0.2

图 4.6　感染高斯白噪声

从图 4.6 可见，随着高斯白噪声的方差的增加，图像的画质急剧下降，图像的被影响程度也随之变大。

4.1.3　脉冲噪声

脉冲噪声常被叫作椒盐噪声，也是高光谱图像中常出现的噪声之一，一般认为是高光谱成像仪在成像和采集时受到突如其来的、强烈的、短暂的干扰而产生的噪声。它的典型特点就是突发性地产生幅度很大、持续时间很短、间隔时间很长的干扰。由于持续时间很短，故频谱较宽，可以从低频一直分布到甚高频。一旦感染椒盐噪声，图像上则出现随机的白点和黑点，黑点形似胡椒颗粒（Pepper Noise），白点形似食盐颗粒（Salt Noise），因此得名椒盐噪声，其视觉形态如图 4.7 所示。

（a）原图　　　　　　　　　　　（b）感染椒盐噪声

图 4.7　脉冲噪声

从图 4.7 可见，脉冲噪声作为一种常见的噪声表现出一定的特征：

（1）随机性。从脉冲噪声的产生原理可知，它是高光谱成像仪在成像、采集、传输过程中突发性的随机噪声，其出现的波段、位置和密度具有典型的随机性，没有规律可循。

（2）稀疏性。脉冲噪声的概率密度不大，经常稀疏地出现在高光谱图像的某些波段中，和高光谱图像的整体容量而言，脉冲噪声具有高度的稀疏性。

（3）影响大。高光谱图像能较为精确地保留图像细节，当脉冲噪声一旦出现在波段中，其中的黑点和白点很明显且不可忽视，严重影响了高光谱图像的画质，甚至破坏了图像的细节。

脉冲噪声的概率密度函数可用式（4-7）表示：

$$p(x) = \begin{cases} P_a, & x = a \\ P_b, & x = b \\ 1 - P_a - P_b, & 其他 \end{cases} \tag{4-7}$$

在式（4-7）中，当 $a>b$ 时，则 a 显示为一个亮点，对应盐粒噪声；当 $a<b$ 时，则 a 显示为一个黑点，对应胡椒粒噪声；若 $p(a)$ 或者 $p(b)$ 为 0，则 $p(x)$ 为极脉冲噪声，而出现在高光谱图像中的脉冲噪声显然不是单极噪声，而是双极噪声。

根据式（4-7）可知，椒盐噪声的概率密度函数图形如图 4.8 所示。

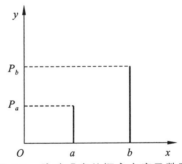

图 4.8　脉冲噪声的概率密度函数图

在高光谱图像中，脉冲噪声一般不会单独出现，而是连同其他噪声一起出现，从而形成复杂的混合噪声，增加了高光谱图像的去噪难度。

4.1.4　其他噪声

在高光谱图像中，噪声往往不是单独出现，而是多种噪声同时出现在波段中，混在一起而形成混合噪声，其中有一种条带噪声（Stripping Noise）较为普遍。其中，针对条带噪声，在本书的第 3 章有较为详细的阐述，并提供了两种条带噪声的去除算法，分别是 TMCP-SDM 模型和 WBS-MCP 模型。通过仿真实验数据和对比分析结果可见，这两种方法均能实现良好的条带分量提取，获得较好的图像复原效果。因此，此处不再赘述。

死线噪声（Dead Line）是构成高光谱图像的混合噪声的类型之一，其产生的主要原因是图像传感器阵列中的某些行或者列出现了故障或者失效，从而导致图像上出现条状或者块状的噪声，而且噪声极为明显，对高光谱图像的画质造成严重的影响。和其他噪声相比，死线噪声出现的概率较低，而且无法采用近似逼近的方法构建其数学模型，所以很少将其作为一种独立的噪声进行去噪，往往把它作为混合噪声进行去除。

除了以上所述的三种典型噪声外，还可能产生其他类型的噪声，因为很多环节和过程都会导致噪声的产生，这与高光谱成像仪的工作原理、工作方式、数据采集、数据传输和存储都有关系。其他类型的噪声如对数噪声、指数噪声、泊松噪声、瑞利噪声甚至其他未被识别的噪声都会不可预料地出现在高光谱图像的波段中，这些噪声连同上述几种典型的噪声同时出现在高光谱图像中，从而形成复杂的混合噪声。

4.2　混合去噪的研究背景

产生混合噪声的原因多种多样，而图像去噪是一个依赖于先验知识的病态问题，这无疑增加了高光谱图像的去噪难度。所以从噪声图像中合理去除图像噪声，恢复出保留图像优良结构、纹理细节的干净图像是图像处理的重要课题。众多研究者针对高光谱波段中的混合噪声提出了大量的去噪方法且获得良好的去噪效果。

近年来，高光谱图像得到了广泛的研究，研究者充分地挖掘了高光谱图像的本质特征，并针对其本质特征利用非局部相似（Non-local Self-Similarity，NSS）提出多种性能较好的算法。比如，提出利用图像结构冗余的非局部均值去噪（Non-Local Means，NLM）模型。

由于高光谱图像是几百上千个连续窄波段构成的图像立方体，挖掘其图像特点，便可发现高光谱图像具有典型的低秩性，通过低秩矩阵逼近（Low Rank Matrix Approximation，LRMA）和 NSS 相结合恢复隐藏在矩阵中的结构，完成图像复原是另一种图像去噪的研究思路。图像去噪可以作为一种典型的低秩矩阵逼近问题，采用低秩矩阵近似方法重建图像，显著提升去噪性能。然而，由于秩最小化模型问题具有非凸性，是一个 NP 难题，求解挑战性较大。核范数是秩最小化问题的最紧凸松弛，在秩最小化问题中，采用核范数代替矩阵秩，求解核范数最小化，在计算机视觉和机器学习领域的补全矩阵数据中被广泛应用。

近年来，以 NSS 和图像低秩的去噪方法研究较为活跃，在多种噪声下取得较好性能。比如文献[51]提出一种结合 NNM 和 $L_{2,1}$ 范数稀疏组的图像恢复，具有较好的效果。文献[52]提出在结构相似性高的图像块构成矩阵，利用 WNNM 近似图像低秩，实现图像去噪，该方法利用图像结构的秩最小化在高斯噪声下取得较好的效果。在文献[52]的基础上，Xu 等人[6]提出多通道加权核范数最小化（Multi-Channel Weighted Nuclear Norm Minimization，MC-WNNM）的彩色真实图像去噪，利用信道冗余估计三个信道噪声统计量和引入权重矩阵平衡信道间的数据保真度，去噪性能提升明显。文献[54]在低秩矩阵分解和 LRMA 两种模型上考虑高斯白噪声和脉冲噪声的混合噪声去噪。文献[55]利用 NSS 非局部自相似方案，直接用矩阵秩最小化作为正则项而不是核范数，通过对观测矩阵奇异值的硬阈值化运算，利用提出的秩最小化算法去除图像中的高斯白噪声，在对数域内乘性噪声等都有较好的去噪效果。文献[56]在 WNNM 去噪模型基础上利用 Schatten p-Norm 代替 Nuclear Norm，由于 Schatten p-Norm 更能逼近低秩，

选取合理的 p 值时去噪效果明显。文献[57]利用相似图像块张量表示中的低秩特性，基于张量核范数最小化估算低秩张量实现图像去噪，得到较好的去噪性能。文献[58]提出一种以 WNNM 模型基础的地震信号盲去噪算法 W-WNNM。W-WNNM 使用主成分分析估计噪声水平，通过权值分配控制矩阵奇异值的收缩，去除地震信号的随机噪声。

现有文献的研究方法主要基于图像结构非局部自相似性，利用块匹配方法得到的相似块矩阵，通过求解核范数最小化问题近似逼近原始秩最小化问题。这些算法中，WNNM 算法具有易求解和性能好的优点，被广泛应用在计算机视觉和机器学习领域中。虽然 WNNM 算法已经对奇异值采用不同权重区分对待，但是低秩模型对于不规则图像纹理和边缘结构无法较好地表达，重建图像时易引起过平滑现象。

本章针对 WNNM 存在的不足，通过在 WNNM 模型中增加 RTV 范数约束，提出一种基于 RTV-WNNM 模型的图像去噪算法，采取 ADMM 算法迭代求解对应模型，获得清晰图像，并通过对多幅图像实验与其他同类型的优秀去噪定性和定量地对比分析，验证了该方法的有效性。

4.3　去除混合噪声的算法模型 RTV-WNNM

相对全变分的加权核范数最小化模型（Relative Total Variation and Weighted Nuclear Norm Minimization，RTV-WNNM）是本书提出的去除混合噪声的方法之一，RTV-WNNM 算法模型在 WNNM 模型的基础上增加了相对全变分 RTV 正则化约束，RTV-WNNM 模型在保持了 WNNM 模型优点的基础上，通过增加 RTV 正则化约束项进行约束限制，从而避免了 WNNM 容易出现过平滑的问题。从实验结果可见，该算法获得了较好的混合噪声去除效果，实现了通过低秩逼近的易求解、性能好的优点。

4.3.1 加权 RTV 范数

文献[61]提出基于图像的全变分正则化模型，采用全变分（Total Variation，TV）正则化约束进行优化，TV 正则化的优势在于能去除噪声，较好地保持图像的边缘纹理等细节特征，有助于优化图像去噪。尽管 TV 在平滑噪声和保留边缘方面非常有效，但它容易产生倾斜区域的梯度伪影。文献[62]在 TV 基础上针对自动提取图像结构问题，采用相对全变分（Relative Total Variation，RTV）提取边缘结构和纹理，取得良好的效果。RTV 在局部窗口 R 范围内像素点 p 定义一种 TV 新约束为

$$Lg(s)_p^\nabla = \frac{\left|\sum_{q\in R(p)} G_{p,q}\cdot(\partial_\nabla s)_q\right|}{\sum_{q\in R(p)} G_{p,q}\cdot\left|(\partial_\nabla s)_q\right|+\varepsilon} \tag{4-8}$$

式中，∂ 为微分操作；q 属于窗口 R 的像素；为避免分母为零，设置 ε 为个小常量值，$\varepsilon > 0$；$G_{p,q}$ 为基于空间位置的高斯距离权重函数。

与传统的直接使用梯度信息作为 TV 约束，公式（4-8）通过局部区域结构强度比描述图像结构，具有更强的抗噪声能力。Lg 值较大表示复杂或不规则区域结构，为了更好保留结构，需要减少相应权值。而对于 Lg 值较小的情况，表示区域平坦，增加权值。为了更好地抑制噪声和保留边缘结构，根据文献[62]的矩阵形式描述，提出一种利用加权 L_1 范数引入一个 RTV 约束，定义如下：

$$|\boldsymbol{L}|_{\mathrm{RTV}} = \sum_p \left\|\left[\frac{\nabla\boldsymbol{L}^x}{Lg(\boldsymbol{L})_p^x},\frac{\nabla\boldsymbol{L}^y}{Lg(\boldsymbol{L})_p^y}\right]\right\|_1 \tag{4-9}$$

式中，$\boldsymbol{L}$ 为矩阵图像。式（4-9）利用邻域的水平和垂直方向约束，可以更精细和更可靠地控制图像结构。

4.3.2　WNNM 模型

WNNM 是一种低秩矩阵近似模型,在高光谱图像中低秩矩阵逼近方法分为低秩矩阵分解(Low Rank Matrix Factorization,LRMF)方法和低秩最小化方法。给定矩阵 Y,LRMF 方法的目标是在一定的数据保真度下,寻找一个矩阵 X 尽可能地接近 Y,同时矩阵 X 能够分解成两个低秩矩阵的乘积。LRMF 是一个非凸优化问题,不易求解。另外,低秩最小化是非凸优化问题,用最小化核范数 NNM 代替低秩最小化实现 LRMA,而 NNM 方法是凸优化问题,易于求解。

通过求解 NNM 问题可以近似解决 LRMA 问题。文献[59]证明了通过观测矩阵奇异值的软阈值化操作,基于 NNM 的低秩矩阵逼近问题可以很容易地解决。

NNM 的低秩矩阵近似求解模型如式(4-10)所示:

$$\hat{X} = \arg \min_{X} \|Y - X\|_{\mathrm{F}}^2 + \lambda \|X\|_* \qquad (4\text{-}10)$$

式中, Y 为观测矩阵; X 为满足式(4-10)的最优解矩阵; λ 为常量且大于零; $\|X\|_* = \sum_{i=1}^{\min(m,n)} \sigma_i(X)$ 是核范数; $\|\cdot\|_{\mathrm{F}}$ 为 F 范数; σ_i 为第 i 个奇异值; m 和 n 为矩阵的行列数。NNM 的 LRMA 问题采用对观测矩阵的奇异值阈值收缩,即式(4-11)所示:

$$\begin{cases} Y = U \Sigma V^{\mathrm{T}} \\ \hat{X} = U \zeta_\lambda(\Sigma) V^{\mathrm{T}} \end{cases} \qquad (4\text{-}11)$$

式中, $U \Sigma V^{\mathrm{T}}$ 为 SVD 分解; $\zeta_\lambda(\Sigma)_{ii} = \max(\Sigma_{ii} - \lambda, 0)$ 为对角矩阵 Σ 的软阈值函数; Σ_{ii} 为对角矩阵元素。迭代求解式(4-10)直到收敛。

NNM 通过估计矩阵所有非零奇异值和近似低秩在众多应用中被使用。Hu 等人在 NNM 基础上提出截断核规范约束 TNNR $\|X\|_r = \sum_{i=r+1}^{\min(m,n)} \sigma_i(X)$,优化最小 $\min(m,n) - r$ 奇异值,可以更加逼近低秩表示。然而,NNM 和 TNNR

在奇异值阈值收缩时没有考虑权重问题。在图像领域中的 SVD 分解原理，奇异值越高，图像信息量就越丰富，部分有用信息在阈值收缩时会被丢掉。为了提高核范数的灵活性，文献[52]提出了加权核范数，其定义为式（4-12）的形式：

$$\|X\|_{w,*} = \sum_{i=1}^{\min(m,n)} W_i \sigma_i(X) \tag{4-12}$$

式中，$W = [w_1, \cdots, w_n]$ 是奇异值 $\sigma_i(X)$ 的权重，其值大于零。

加权核范数的最小化问题模型转变为式（4-13）的形式：

$$\underset{X}{\arg\min} \|Y - X\|_F^2 + \lambda \|X\|_{w,*} \tag{4-13}$$

模型 WNNM 是原始 NNM 的扩展，在高光谱图像的去噪方面表现出比 NNM 更好的视觉和评价参数。

4.3.3 RTV-WNNM 模型

针对 RTV 的特性和 WNNM 的优势，将 RTV 作为 WNNM 的约束项，构建了 RTV-WNNM 模型。该模型利用 RTV 约束条件能避免 WNNM 的不足，发挥二者结合的优势，在去除高光谱图像中的混合噪声方面获得较好的效果。

在 RTV-WNNM 模型中，被混合噪声干扰的高光谱某波段图像用 Y 表示，无噪的高光谱波段图像用 L 表示，那么，去噪模型便可描述成式（4-14）的形式：

$$Y = L + G + I \tag{4-14}$$

式中，L 为矩阵形式表示的真实图像，G 为标准差 σ^2 的加性高斯白噪声矩阵，I 为脉冲噪声矩阵，二者代表了高光谱图像中的噪声分量。

在这里，我们考虑自然图像具有全局低秩性和局部分段平滑特性两个先验，WNNM 利用了低秩性和奇异值的加权重要性，但没有考虑对图像空间平滑结构。本章提出的 RTV-WNNM 模型在式（4-10）的 WNNM 模型基础上融合了稀疏和 RTV 约束项构成了 RTV-WNNM 新模型，即

$$\underset{L,I,G}{\arg\min}\, \alpha\|L\|_{w,*} + \beta|L|_{\mathrm{RTV}} + \lambda\|I\|_1 + \gamma\|G\|_{\mathrm{F}}^2,$$

$$\text{s.t. } L+G+I=Y \tag{4-15}$$

式中，$\alpha,\beta,\lambda,\gamma$ 为非负参数。与式（4-10）中的 WNNM 相比，$\alpha\|L\|_{w,*}$ 描述全局低秩性，$\beta|L|_{\mathrm{RTV}}$ 加权相对 TV 约束增强了图像不规则结构的平滑性，$\lambda\|I\|_1$ 和 $\gamma\|G\|_{\mathrm{F}}^2$ 为控制噪声误差的约束项。RTV-WNNM 具有经典 WNNM 模型准确去除图像噪声特点，同时保留不规则边缘和纹理结构信息。

4.3.4　RTV-WNNM 模型求解

RTV-WNNM 模型的求解是一个凸优化问题，采用交替乘子法 ADMM 迭代求解能获得较好的优化求解逼近。通过引入辅助变量 Z，代表 RTV-WNNM 模型的式（4-15）可以改写为式（4-16）所示的问题：

$$\underset{L,Z,I,G}{\arg\min}\, \alpha\|L\|_{w,*} + \beta|Z|_{\mathrm{RTV}} + \lambda\|I\|_1 + \gamma\|G\|_{\mathrm{F}}^2,$$

$$\text{s.t. } L+G+I=Y, L=Z \tag{4-16}$$

由于模型中目标函数的 L,Z,I,G 变量具有可分性，通过交替最小化方法求解式（4-16）的模型，采用增广拉格朗日函数重写为式（4-17）的形式：

$$\mathfrak{M}_\rho\left(L,Z,I,G;W,\mathfrak{I}\right) = \alpha\|L\|_{w,*} + \beta|Z|_{\mathrm{RTV}} + \lambda\|I\|_1 + \gamma\|G\|_{\mathrm{F}}^2 + $$

$$\frac{\rho}{2}\left(\left\|L+G+I-Y+\frac{W}{\rho}\right\|_{\mathrm{F}}^2 + \left\|L-Z+\frac{\mathfrak{I}}{\rho}\right\|_{\mathrm{F}}^2\right) \tag{4-17}$$

式中，W 和 $\mathfrak{I}$ 分别为与 $L+G+I=Y$ 和 $L=Z$ 约束的拉格朗日乘数；ρ 为惩罚参数。

使用 ADMM 迭代求解 RTV-WNNM 模型，其计算步骤如下。

（1）固定 $Z, I, G, W, \mathfrak{I}$，更新估计真实图像 L。进行第 $k+1$ 次迭代，估计真实图像 L_{k+1}，如式（4-18）所示：

$$
\begin{aligned}
L_{k+1} &= \arg\min_{L} \mathfrak{M}_{\rho}\left(L, Z_k, I_k, G_k; W_k, \mathfrak{I}_k\right) \\
&= \arg\min_{L} \frac{\alpha}{\rho_k}\|L\|_{w,*} + \frac{1}{2}\|L - D_k\|_{\mathrm{F}}^{2}
\end{aligned}
\tag{4-18}
$$

式中，$D_k = \frac{1}{2}(Y + Z_k - I_k - G_k) - \frac{(W_k + \mathfrak{I}_k)}{\rho_k}$。式（4-18）对应式（4-10）的加权核范数近似问题，该问题可以用加权奇异值阈值算子（W-SVT）来求解。设定 $U_k \Sigma V_k^{\mathrm{T}}$ 为 D_K 的 SVD 分解，那么 L_{k+1} 采用 $L_{k+1} = U_k(\max(\Sigma - \rho_k), 0)V_k^{\mathrm{T}}$ 求解。

（2）固定 $L, I, G, W, \mathfrak{I}$，更新 RTV 约束项 Z，保存空间平滑度和不规则形状信息：

$$
Z_{k+1} = \arg\min_{z} \frac{\beta}{\rho_k}\|Z\|_{\mathrm{RTV}} + \frac{1}{2}\|Z - T_k\|_{\mathrm{F}}^{2}
\tag{4-19}
$$

式中，$T_k = L_k + \mathfrak{I}_k / \rho_k$。

（3）固定 $L, Z, G, W, \mathfrak{I}$，更新 I，除脉冲噪声：

$$
I_{k+1} = \arg\min_{z} \frac{\lambda}{\rho_k}\|I\|_{1} + \frac{1}{2}\|I - E_k\|_{\mathrm{F}}^{2}
\tag{4-20}
$$

式中，$E_k = Y - L_{k+1} - G_k - \frac{W_k}{\rho_k}$。然后利用矩阵元素收缩算子得到式（4-21）的闭合式解：

$$
I_{k+1} = \varphi_{\frac{\lambda}{\rho_k}}(E_k) = \mathrm{sign}(E_k)\max\left\{|E_k| - \frac{\lambda}{\rho_k}, 0\right\}
\tag{4-21}
$$

（4）固定 $L, Z, I, W, \mathfrak{I}$，更新 G，法除高斯噪声，得到式（4-22）：

$$
G_{k+1} = \arg\min_{G} \gamma\|G\|_{\mathrm{F}}^{2} + \frac{\rho_k}{2}\|G - S_k\|_{\mathrm{F}}^{2}
\tag{4-22}
$$

式中，$S_k = Y - L_{k+1} - I_{k+1} - \dfrac{W_k}{\rho_k}$。式（4-22）是标准的最小二乘回归问题，其

解为 $G_{k+1} = \dfrac{\rho_k S_k}{(2 \times \gamma + \rho_k)}$。

（5）更新拉格朗日乘数和惩罚参数，表示为式（4-23）：

$$\begin{cases} W_{k+1} = W_k + \rho_k \left(L_{k+1} + G_{k+1} + I_{k+1} - Y \right) \\ \mathfrak{I}_{k+1} = \mathfrak{I}_k + \rho_k \left(L_{k+1} - Z_{k+1} \right) \\ \rho_{k+1} = \left(\mu \rho_k, \rho_{max} \right) \end{cases} \qquad （4\text{-}23）$$

式中，μ 为收缩参数，设定 $\mu > 1$ 加快收敛速度；ρ_{max} 为 ρ 的最大值。

通过交替乘子法 ADMM 能较容易地实现非凸优化的分解，从而将非凸优化问题转变为凸优化问题，实现优化求解的最佳逼近，获得较好的最优解。

4.3.5　RTV-WNNM 去噪算法流程

对观测图像 y 通过 KNN（K-Nearest Neighbor，K 近邻算法）算法将图像区域范围内 g 个最相似图像块聚合为矩阵，然后利用 RTV-WNNM 模型求解。图像块 y_i 的相似块构成矩阵 Y_i，算法 4.1 描述了恢复图像块的优化求解过程，算法 4.2 描述了图像 y 获得真实图像 x 的去噪流程。

算法 4.1：恢复图像块的优化求解过程

1. 输入：噪声图像相似块矩阵 Y_i；

2. 初始化参数：$L = Z = I = G = W = \mathfrak{I} = 0$，$\varepsilon = 10^{-7}$，$t = 0$；

3. 重复执行如下第 4 ~ 6 步；

4. 通过式（4-18）更新 L_i^t；通过式（4-19）更新 Z_i^t；通过式（4-20）更新 I_i^t；通过式（4-22）更新 G_i^t；

5. 通过式（4-23）更新拉格朗日乘数和惩罚参数，$t = t + 1$；

6. 直到满足 $\dfrac{\left\| Y_i - (L_i^{t+1} + G_i^{t+1} + I_i^{t+1}) \right\|_F}{\left\| Y_i \right\|_F} < \varepsilon$，停止迭代条件；

7. 输出：最终去噪结果 L_i。

算法 4.2：恢复图像块的优化求解过程

1. 输入：含噪图像 y；

2. 初始化参数：$\hat{x}^0 = y$，$\hat{y}^0 = y$；

3. 迭代：迭代次数为 K，假设迭代进行至第 f 次，通过块匹配找到所有相似块 $\mathbf{Y}_f$；

4. 通过算法 4.1 对每个相似块矩阵进行去噪，得到去噪后的相似块矩阵 $\hat{\mathbf{X}}^f$；

5. 聚合所有去噪后的矩阵块，得到去噪后图像矩阵 $\hat{\mathbf{X}}$；

6. 输出：经过 K 次迭代后的图像 $\hat{\mathbf{X}}^K$。

算法 4.1 和算法 4.2 分别描述了恢复图像块的优化求解过程和整个图像 y 获得真实图像 x 的去噪流程，通过以上算法，便可实现 RTV-WNNM 模型的优化求解。

4.4　RTV-WNNM 实验分析

为了验证 RTV-WNNM 去噪算法的有效性，选用了含噪 MRI（磁共振成像）、Berkeley 数据集（BSD200）的 50 张自然图像的测试数据集和 USC-SIPI 图像数据库中 20 幅测试图像，在高斯随机和椒盐噪声下进行实验验证。在实验中，本文方法采用峰值信噪比（Peak Signal to Noise Ratio，PSNR）和特征结构相似性因子（Feature SIMilarity index，FSIM）两个主要指标，分别与 BM3D、WNNM、RM 和 WSNM 做定性比较与分析，验证算法去噪性能。测试机环境为 Matlab2015a；Intel（R）Core（TM）i5-2520M CPU @ 2.5；RAM：8.00 GB。

合理的搜索窗口和图像块大小是基于相似块矩阵和低秩表示实现图像去噪性能的重要因素。为了比较的公平，所有比较算法的搜索窗口和图像块大小参考文献[48]分别设置为 21×21 和 7×7，设置相似块数量 $g = 80$。RTV-WNNM 模型参数设置为 $\alpha = 0.1$，$\beta = 0.005$，$\lambda = 0.002$，$\gamma = 0.87$，$\mu = 10^{-6}$，$\rho = 1.1$。

4.4.1　针对客观指标的分析实验

首先对图像添加均值为 0，标准差 σ 为 30、40、50、60 和 70 的高斯白噪声测试图像进行实验，通过多次迭代获得最终图像。图 4.9 所示为本文算法与 BM3D、WNNM、RM 和 WSNM 对 Berkeley 测试数据集图像在标准差 σ 为 30、40、50、60 和 70 的高斯白噪声下采用 PSNR 和 FSIM 指标的平均值比较结果。

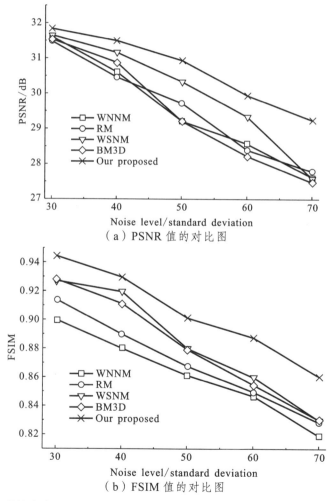

（a）PSNR 值的对比图

（b）FSIM 值的对比图

图 4.9　多种算法对 Berkeley 测试数据集图像采用 PSNR 和 FSIM 指标的平均值对比

图 4.9（a）所示为测试图像的平均 PSNR 值对比，展示了 RM、WSNM、WNNM、BM3D 及本章提出的算法 RTV-WNNM 在各个标准差噪声所获得的 PSNR 值的分布情况。RM 采用硬阈值收缩，在图像结构变化过快的区域丢失信息较多。对于存在细腻且不规则纹理较多的图像，本文算法和 WSNM 都有较好的去噪效果，但随着噪声强度增加，WSNM 性能明显下降，而本章提出的算法模型 RTV-WNNM 则性能保持较好，主要是因为加入 RTV 约束可以较好地将图像结构信息保留，有效降低图像块相似性矩阵的低秩结构丢掉图像本身结构的概率，从而提高去噪性能。此外，RTV-WNNM 算法模型的 PSNR 曲线随着噪声水平增加下降较慢，说明该算法利用平滑结构约束和噪声误差约束能更加准确地将图像结构和噪声分离开。因此和其余 4 种算法整体比较结果可见，本章提出的 RTV-WNNM 算法模型在 PSNR 值上获得了更大、更稳定的效果，整体表现出更好的 PSNR 指标。

图 4.9（b）所示为以上 5 种算法在标准差 σ 为 30、40、50、60 和 70 的噪声下的平均 FSIM 指标的曲线情况。从图中可见，对于图像结构和细节信息丰富的图像，RM 和 WNNM 算法模型没有考虑图像结构，所得评价指标值偏低；WSNM 和 BM3D 在噪声水平增加时，性能下降较快；本章提出的算法模型 RTV-WNNM 则考虑了高光谱图像中存在不规则结构，在该模型中增加局部结构和稀疏约束，使得模型整体性能有较大提高，相比其他算法获得了更好、更稳定的 FSIM 指标值。

图 4.9（a）和（b）的曲线所呈现的效果表明：与 RM、WSNM、WNNM、BM3D 这 4 种典型算法相比，本章所提出的 RTV-WNNM 算法模型无论在 PSNR 还是 FSIM 指标上均获得了较好的指标值，利用 RTV-WNNM 算法模型进行高光谱图像的去噪，能获得客观的、较好的指标，证明该算法模型的有效性和可靠性。

4.4.2　针对多种去噪模型的对比分析实验

图 4.10 所示为医学脑部含噪 MRI 数据集的切片图。从图 4.10（a）图可见，该波段含有较为明显的混合噪声，此处分别采用 RM、BM3D、WSNM、WNNM 及本章提出的算法 RTV-WNNM 对其进行去噪，去噪效果分别如图 4.10（b）~（f）所示。

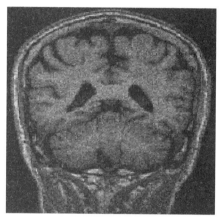

（a）含噪 MRI 切片

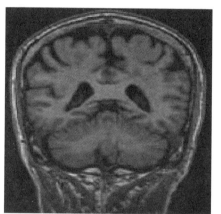

（b）RM 去噪效果

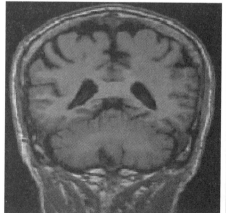

（c）BM3D 去噪效果

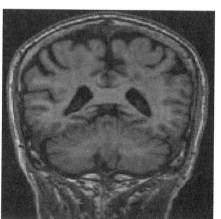

（d）WSNM 去噪效果

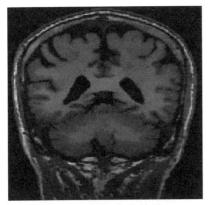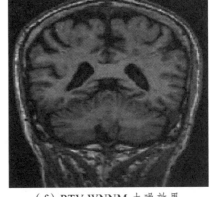

（e）WNNM 去噪效果　　　　　　　（f）RTV-WNNM 去噪效果

图 4.10　脑部含噪 MRI 切片图像使用多种算法去噪效果比较

从图 4.10 中可以看出，以上所有算法都能较好地实现去噪。但是，RM、BM3D、WSNM、WNNM 这 4 种算法均在不同程度上出现了图像细节丢失的情况，使得图像的细节和边界较为模糊，尤其 RM、BM3D、WSNM 这 3 种算法模型较为突出；采用 WNNM 和 RTV-WNNM 算法去噪后，能保持图像较清晰的纹理细节信息，就整体结构和细节纹理保留效果而言，本章提出的 RTV-WNNM 算法的细节保留效果更好，图像去噪后的纹理细节更清晰，更利于图像信息的完整性和细节的丰富性。

4.4.3　图像的噪声残差对比实验

噪声残差（Residual Noise，RN）分量是去噪后图像与原始带噪图像之差，又被叫作噪声残差似然估计值。在理想状态下，RN 表示噪声信号分量，然而由于算法本身会将部分图像信息带到 RN 分量中，影响图像视觉效果。根据 RN 可以作为视觉评价算法性能的方法指标。此处以彩色图像为例进行噪声残差提取，其提取效果对比如图 4.11 所示。

（a）RM 算法残差分量

（b）BM3D 算法残差分量

（c）WSNM 残差分量

（d）WNNM 算法残差分量

（e）RTV-WNNM 算法残差分量

图 4.11　去噪残差分量图（σ=40）

从图 4.11 的残差图（σ=40）可以看出，RM、BM3D、WNNM 和 WSNM 算法都不同程度地将高光谱图像的整个结构较为清晰地呈现在 RN 分量中，说明在求解低秩逼近时将较多的细节信息丢掉了，在结构丰富区域也存在较多细节被丢掉的情况。而本章算法 RTV-WNNM 则利用相似块保留图像结构，噪声残差图像中结构信息保留相对较少，说明 RTV-WNNM 很好地保留了很多不规则纹理细节，具有良好的图像视觉效果。RTV-WNNM 算法使用局部结构 TV 约束，考虑了图像块稀疏性和结构保持，较好地防止过平滑现象，并且保留不规则纹理结构。

4.4.4　针对椒盐噪声性能验证

本实验对图像增加噪声密度为 $p = 20$ 的椒盐噪声，通过多种算法后进行细节部分对比，验证本文提出算法模型 RTV-WNNM 的有效性，如图 4.12 所示。

（a）Male 图像原图　　　　（b）噪声密度为 $p = 20$ 的椒盐噪声图像

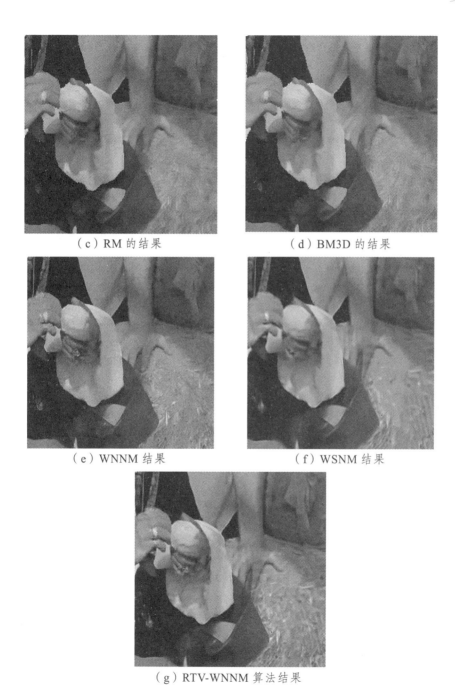

（c）RM 的结果　　　　　　　　　　（d）BM3D 的结果

（e）WNNM 结果　　　　　　　　　　（f）WSNM 结果

（g）RTV-WNNM 算法结果

图 4.12　在噪声密度 $p=20$ 的椒盐噪声下去噪细节效果图比较

图 4.12（a）为原始波段图像，由于图中有较多的不规则结构信息，这些信息构成了该波段图像的细节，为了体现该波段图像的细节，特用方框将图像中的细节信息进行标注。在进行对比分析时，框中的细节信息将作为对比分析的典型部分。

向图 4.12（a）中加入椒盐噪声，为了实验的客观性和合理性，分别完成 $p = 20$，$p = 30$ 和 $p = 40$ 的加噪，当 $p = 20$ 时，加噪后的效果如图 4.12（b）中所示。然后分别采用 5 种算法进行去噪，去噪的效果如图 4.12（c）~（g）所示。

从图 4.12（c）~（g）的去噪效果可见，以上 5 种算法模型均能较好地完成去噪，但是 WNNM、WSNM、BM3D 和 RM 这 4 种算法模型均不同程度地产生模糊，从而导致了细节的丢失。其中，WNNM 算法和本章提出的 RTV-WNNM 算法能保持一定的细节信息，但 RTV-WNNM 算法保留细节信息的效果要好于 WNNM 算法模型。

当噪声密度 $p = 30$ 和 $p = 40$ 时，均能获得相同的实验效果。RTV-WNNM 算法模型在去噪的同时，更好地保留了该波段图像的细节信息，说明了 RTV-WNNM 算法模型在保留细节方面更突出、更稳定，针对不同的噪声均能表现出良好的性能。

4.4.5　客观指标汇总

将本章提出的 RTV-WNNM 算法模型与 WNNM、RM、WSNM、BM3D 等算法模型在不同的椒盐噪声密度下，分别对 Boat、Male，Peppers 和 Pentagon 4 幅图像进行 PSNR 和 FSIM 计算，从而得出各算法的客观评价指标汇总情况，如表 4.1 所示。

表 4.1 图像在不同椒盐噪声密度下的 PSNR 和 FSIM 值比较汇总

p	图像	Propose	WNNM	RM	WSNM	BM3D
20	Boat	32.59/0.953	31.37/0.913	31.23/0.901	31.98/0.912	31.88/0.921
	Male	32.19/0.939	31.58/0.910	31.29/0.907	31.45/0.921	31.90/0.923
	Peppers	32.23/0.901	31.08/0.889	31.25/0.892	31.89/0. 917	31.85/0.922
	Pentagon	31.95/0.921	31.28/0.901	31.75/0.863	31.47/0.902	31.90/0.910
30	Boat	30.99/0.833	28.98/0.827	28.86/0.842	29.19/0.848	28.74/0.842
	Male	30.65/0.894	28.58/0.821	27.96/0.829	28.81/0.859	28.52/0.831
	Peppers	30.58/0.887	28.71/0.841	27.89/0.819	28.76/0.812	28.54/0.827
	Pentagon	30.42/0.893	28.63/0.830	27.94/0.853	28.68/0.805	28.72/0.841
40	Boat	28.22/0.821	27.13/0.712	26.31/0.703	27.35/0.745	27.10/0.727
	Male	28.16/0.837	26.78/0.704	26.20/0.651	27.46/0.760	27.02/0.704
	Peppers	28.44/0.803	26.22/0.692	26.16/0.609	27.30/0.725	26.52/0.687
	Pentagon	28.68/0.819	26.42/0.699	26.05/0.608	27.27/0.713	26.32/0.647

从表 4.1 可见，由于选取的 4 幅图像具有一定的不规则图像结构，WNNM 和 RM 的 PSNR 和 FSIM 两个指标都稍低，FSIM 值下降较明显，说明在对图像结构评价时算法性能较差。WSNM 和 BM3D 的 PSNR 和 FSIM 指标整体较好，但随着噪声强度增加，性能明显下降较快。本文算法 PSNR 和 FSIM 两个指标都有明显的提高，其原因主要是该算法通过稀疏约束和 RTV 将图像结构信息和随机噪声较好地分离，减少噪声对图像块低秩估计的影响。

基于低秩模型算法在对高斯噪声和椒盐噪声下有较好的去噪性能，但由于构建矩阵和优化求解过程计算量较大，导致耗时较多。对该算法的优化模型求解和增加并行计算等改进将是下一步的研究方向。

4.5 去除混合噪声的算法模型 NLRM-PG

从自然图像中去除混合噪声是一项具有挑战性的任务，因为复杂的噪声分布通常是不可估计的。许多基于低秩近似的噪声去除方法具有优秀的图像去噪性能，能够有效地恢复被高斯噪声污染的图像。这些基于加性高斯白噪声（AWGN）模型的方法对异常值和非高斯噪声敏感，如椒盐脉冲噪声（SPIN）和随机值脉冲噪声（RVIN）。然而，这类去除混合噪声的方法在保留图像结构方面效果较差，并且容易出现不希望出现的阶梯伪影。因此，本章提出了第二种去除高光谱混合噪声的方法，即基于相位一致性和重叠组稀疏正则化（a novel Nonconvex Low Rank Model with Phase congruency and overlapping Group sparsity regularization，NLRM-PG）的非凸低秩模型，该模型对于保持局部不规则结构是有效的，并且在 AWGN+SPIN 和 AWGN+RVIN 两种类型的混合噪声下减少了阶梯效应。在合成噪声图像和真实噪声图像上的定性和定量实验结果表明，与现有方法相比，所提方法能够更有效地去除高光谱图像中的混合噪声。

4.5.1 NLRM-PG 模型产生的背景

在现实世界中拍摄的图像通常会受到噪声的破坏,导致图像质量下降。恢复一幅保持尖锐边缘和精细图像细节的干净图像是图像和视频任务中最基本的步骤之一。在过去的几十年里，它得到了广泛的研究。被污染的图像存在多种类型的噪声，但有两种典型类型的噪声混合污染，即加性高斯白噪声（AWGN）和脉冲噪声（IN）。

加性白高斯噪声（AWGN）是在图像采集过程中，具有恒定光谱密度和幅度零均值高斯分布的宽带或白噪声的线性叠加，影响图像的所有像素。这类噪声是先验知识和分布估计方面研究得最广泛的。多年来，非局部自相似性（NSS）方法通过利用整个图像中的许多相似块，在去除

AWGN 方面显示出了巨大的潜力。基于 NSS 先验的非局部均值
（Non-Local Means，NLM）、BM3D 等方法是目前去除 AWGN 最先进的算
法，比传统方法具有更高的精度。此外，在文献中，稀疏性和 NSS 先验
被应用于噪声去除，如学习同时稀疏编码（LSSC）和非局部集中式稀疏
表示（NCSR）。将稀疏编码的加权编码和文献[53]中的 NSS 先验集成到
一个正则化项中，并引入到解决最小化问题的框架中。这些方法是有效
的，对 AWGN 有出色的去噪性能。然而，当噪声水平较高时，这类方法
往往会产生许多伪影。

IN 可以由采集或传输错误而引入，其特点是用随机噪声值替换图像的
一部分像素值，并保持其余不变，如椒盐脉冲噪声（SPIN）和随机值脉冲
噪声（RVIN）。由于自旋和 RVIN 的良好性能和低计算复杂度，非线性滤
波技术被广泛应用于去除这两种噪声。中值滤波是目前主要用于去除 IN
的代表性方法，但中值滤波的缺点是使去噪后的图像不自然，导致图像失
真，细节和边缘丢失。基于这个原因，中值滤波器的各种改进被提出，以
更好地保留细节和高计算效率，如加权中值滤波器、中心加权中值滤波器、
堆栈滤波器等。

在实际应用中，AWGN 和 IN 的混合噪声是现实世界中最常见的噪声，
有很大可能会损坏图像。由于这两类噪声具有非常不同的特性，其混合使
得去噪问题更加困难。现有方法通过两阶段框架去除混合噪声，即在像素
中使用中值滤波器去除 IN，然后使用基于 NSS 先验知识的方法去除
AWGN。由于在去除过程中这些中值滤波器会丢失一些图像结构的细节，
因此尖锐的边缘和精细的图像细节将被平滑掉。为了更好地保留图像边缘，
在文献[58-60]中，IN 被视为异常值，利用基于 l_1 范数和 l_0 范数的鲁棒保真
项，通过硬阈值或软阈值，再加上适当的正则化器来估计 IN。这些方法在
去除不能有效去除 AWGN 的 in 方面显示出了很好的去噪性能。此外，这
些方法的合适阈值选取仍然是一项具有挑战性的任务。

近年来，基于深度学习去除图像噪声的方法被提出，其利用卷积神经网络（CNN）进行自然图像去噪，与其他技术相比，使用 CNN 的方法在盲去噪中提供了去噪、高分辨率重建及复原等功能，尤其是针对高维数据的补全具有较好的效果，它提出了通过残差学习和批量归一化处理高斯去噪的卷积神经网络（DnCNN）模型。Zhang 等提供了一个使用泊松-高斯去噪的显微图像数据集，并对许多最先进的去噪算法进行了基准测试，发现了一种性能突出的深度学习方法，从而提出了一种无须噪声水平估计的深度单卷积神经网络（DSCNN）混合去噪方法。考虑到稀疏噪声独特的空间结构方向性和光谱差异，提出了用于高光谱图像混合噪声去除的空间谱梯度网络（SSGN）。将空谱深度残差卷积神经网络引入到高光谱图像去噪中。许多用于混合噪声去除的深度学习方法被提出，并取得了最先进的性能。

另外，基于优化模型的去噪方法具有较高的去噪质量，其中低秩近似（LRA）优化模型在通过信号逼近重建含噪数据方面表现出强大的能力。基于 LRA 的去噪方法基于图像中的相似块是低秩的假设，在去除混合噪声方面甚至比传统的 NSS 方法更有效。其中，代表性方法包括加权低秩模型（WLRM）、秩最小化（RM）、结构张量全变差加权核范数最小化（STTV-WNNM）、加权核范数最小化（WNNM）和非局部低秩近似（NLRA）。Huang 等人提出利用拉普拉斯尺度混合（Laplacian Scale Mixture）建模和非局部低秩正则化（LSM-NLR）进行混合噪声去除。LSM 常被用来近似图像中脉冲噪声的分布。Zhang 等人提出了低秩和梯度直方图保持模型并用于图像去噪，将直方图保持与低秩块重建相结合。全变分（TV）是去除噪声和保持边缘的著名先验，将 TV 范数融入低秩近似分析中，利用自然图像的低秩特性，增强结构平滑性，检测并去除大稀疏噪声，提高恢复图像的质量。为了提高性能和灵活性，在图像去噪中采用重加权总广义变分（TGV）正则化核范数最小化模型来保持局部结构。

由于核范数最小化不能精确逼近秩最小化，因此它并不是低秩近似图像去噪的最佳方法。最近，非凸低秩近似（NLRA）被应用于图像重建，如磁共振成像、高光谱图像和矩阵补全。

这些方法的去噪性能都很突出。然而，上述方法仍然存在两个问题：

（1）NLRA 虽然是一种相当精确的低秩近似，但缺乏自然图像的边缘稀疏性和结构平滑正则化的特征；

（2）图像的不规则结构没有足够的重复，使得低秩模型不能很好地利用 NSS 先验修补这些结构，导致了重要结构丢失和阶梯效应的产生不可避免。

因此，针对传统 NLRA 方法在去除混合噪声时存在的上述障碍，本文提出了一种基于相位一致性正则化和重叠群稀疏的非凸低秩近似模型的有效混合去除方法。首先，利用 NSS 和低秩特性，提出了一种新的基于相位一致性正则化的非凸低秩近似模型。利用非凸低秩方法对相似块进行正则化，同时重构相似块。在处理离群点时，利用基于重叠组稀疏和 L₁ 范数的正则化项将其从噪声图像中分离出来。在去除 AWGN 的同时，利用相位一致性来利用图像的全局和局部结构，以保持图像的精细纹理和尖锐边缘。然后，采用凸差规划的交替方向法（ADM）乘子法优化算法求解 NLRM-PG 模型。通过模拟数据与其他典型的低秩方法进行对比分析，数据表明 NLRM-PG 在混合去噪中具有较高的精度，比其他参与对比的典型方法具有更好的去除高光谱混合噪声的效果，整体表现优于其他算法。

4.5.2　高光谱图像中的噪声模型

假设一个简单的加性噪声具有各向同性方差的零均值高斯噪声，观测到的噪声图像可以被建模为 $y_i = x_i + n_i$，其中 y_i、x_i 和 n_i 分别表示噪声分量、原始图像和加性高斯噪声分量。现有的大多数去噪方法只考虑高斯噪声，这在实际中是不全面的。相反，在大多数实际应用中，我们得到的图像会被加性高斯噪声和脉冲噪声混合污染。为了说明这一点，此处考虑了 AWGN 和 IN 的混合。

然后，观察到的噪声图像可以建模为 $y_i = \begin{cases} x_i + n_i, & i \in \Omega \\ s_i, & i \in \Omega^C \end{cases}$。观测到的包含高斯噪声、脉冲噪声和条纹的混合噪声污染的图像 $Y \in \mathbb{R}^{m \times n}$ 的低秩近似可以统一表示为式（4-24）的形式：

$$Y = L + S + N \tag{4-24}$$

式中，Y 为观测数据；L 为低秩近似恢复的数据；S 为 IN 引起的离群点分量；N 为高斯噪声。N、L 与 S、Y 大小相同，均为 $m \times n$ 且存在重叠斑块，其中 m 和 n 代表矩阵的宽度、高度。

4.5.3 用于图像去噪的非局部低秩加全变分方法

基于低秩矩阵分解的方法和基于核范数最小化的方法是噪声数据低秩重构的两类方法。第一类方法是通过矩阵分解将给定的数据矩阵分解为两个固定低秩矩阵的乘积。这类方法的缺点是秩难以准确获得，细节的丢失或噪声的保留分别是由过低或过高的值造成的。第二类方法，即基于核范数最小化的方法是估计秩最小化，如鲁棒主成分分析（Robust Principal Component Analysis，RPCA）。其对 RPCA 的扩展，是一种凸优化框架，已成功应用于图像去噪。假设这是观测图像，$Y \in \mathbb{R}^{m \times n}$ 表示其底层的低秩矩阵。X 和 Y 的秩（定义为非零奇异值的数量）用 $\mathrm{rank}(X)$ 和 $\mathrm{rank}(Y)$ 表示，它们远小于行或列的数量，即 $\mathrm{rank}(X)\mathrm{rank}(X) \ll \min(m,n)$，清晰图像的矩阵秩最小化问题，等同于表示从矩阵 X 的 Y 中恢复底层的低秩结构，如式（4-25）所示：

$$\min_X \|X - Y\|_{\mathrm{F}}^2 + \alpha\,\mathrm{rank}(X) \tag{4-25}$$

在式（4-25）中，$\alpha \text{rank}(\boldsymbol{X})$ 为低秩正则项和数据保真项之间的权衡参数，$\|\cdot\|_F^2$ 为 robenius 范数，其中 $\alpha > 0$。

由于直接最小化矩阵秩对应的是一个 NP-hard 问题，因此核范数作为秩函数的凸代用项，是最具代表性的低秩正则项之一，其最紧的凸松弛可以表述为式（4-26）的优化问题：

$$\min_{\boldsymbol{X}} \|\boldsymbol{X} - \boldsymbol{Y}\|_F^2 + \alpha \|\boldsymbol{X}\|_* \qquad (4\text{-}26)$$

式中，$\|\boldsymbol{X}\|_*$ 是矩阵 $\boldsymbol{X}$ 的核范数正则化项，定义为其奇异值之和。

正如我们上面提到的，应用于图像去噪的 RPCA 扩展，容易造成过平滑，不能显著区分复杂和不规则的图像结构。为了获得理想的性能，通过求解凸模型的交替方向乘子算法 ADMM，提出了一种有利于保持图像边缘的全变分（TV）正则化的 LRA 混合去噪模型。

因此，被加性噪声和脉冲噪声污染的图像通用 LRA-TV 重建模型可表示为式（4-27）的形式：

$$\min_{L,S,N} \|\boldsymbol{L}\|_* + \lambda \|\boldsymbol{L}\|_{\text{TV}} + \alpha \|\boldsymbol{S}\|_1 + \frac{\gamma}{2} \|\boldsymbol{N}\|_F^2$$
$$\text{s.t.} \ \ \boldsymbol{Y} = \boldsymbol{L} + \boldsymbol{S} + \boldsymbol{N} \qquad (4\text{-}27)$$

式中，$\|\boldsymbol{L}\|_*$ 为核范数项；$\|\boldsymbol{L}\|_{\text{TV}}$ 项是为了保持平滑，包含了图像的先验稀疏信息；$\|\boldsymbol{S}\|_1$ 是 l_1 范数和稀疏正则化项，用作脉冲噪声的保真项；$\|\boldsymbol{N}\|_F^2$ 为 Frobenius 范数，用作高斯噪声的保真项。式（4-27）为算法的核心求解问题，将观测数据 $\boldsymbol{Y}$ 分解为低秩部分 $\boldsymbol{L}$、稀疏噪声 $\boldsymbol{S}$ 和高斯噪声 $\boldsymbol{N}$，虽然可以缓解阶梯伪影，但在最终的结果中可能会导致"斑点"效应。针对全变分 TV 的缺点，采用扩展 TV 正则化的模型，如各向异性全变分（ATV）、总广义变分（TGV）、约束全变分（CTV），进行图像去噪。

4.5.4 非凸代理

现有的低秩近似方法都是利用核范数来近似秩函数。由于核范数不能很好地逼近秩函数,直接用核范数代替秩函数是不合理的。在图像恢复领域中,利用近似秩最小化的非凸代理得到了很大的关注。

Laplace,Gaman 和 LogDet 函数是流行的 l_0 的非凸替代函数,分别称为 Laplace-Norm、Gaman-Norm、LogDet-Norm,如表 4.2 所示。

表 4.2 常见非凸范数$\|\sigma\|_0$

非凸范数名称	公式 $(\sigma_i \geqslant 0, \chi > 0)$
Gaman-Norm	$\left\|X(\sigma)\right\|_{GN} = \sum_i \dfrac{(1+\chi)\sigma_i}{\chi + \sigma_i}$
Laplace-Norm	$\left\|X(\sigma)\right\|_{LPN} = \sum_i (1 - e^{-\sigma_i/\chi})$
LogDet-Norm	$\left\|X(\sigma)\right\|_{LDN} = \sum_i \log(\sigma_i + \chi + 1)$

为了提供比核范数更紧密的近似,我们在一维数据中进行了数值实验。图 4.13 显示了具有 5 个正则项的秩的近似。图中表明,非凸优化往往优于其凸对应的。从该图中可以观察到,核范数明显偏离真实秩,为此所有奇异值都被平等对待。加权核范数和 γ 范数都是秩最小化和核范数之间的中和,可以同时增加对较小值的惩罚,减少对较大值的惩罚。Logdet 范数在小奇异值上表现较差,尤其是在接近 0 的奇异值上。利用指数函数对不同的奇异值进行处理,使 Laplace 范数与实数秩具有明显的一致性。为了同时保持精度和速度,拉普拉斯范数是近似由相似块组成的 NSS 矩阵的实秩的最佳候选项。

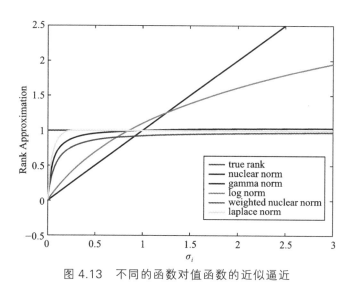

图 4.13　不同的函数对值函数的近似逼近

4.5.5　NLRM-PG 模型及解决方案

在本节中，我们构建了一个新的模型，其中拉普拉斯范数的非凸替代可以用于逼近秩函数，具有重叠组稀疏的相位一致性正则化可以保持灵活的图像结构。由于包含非凸代理的模型不能直接使用 ADMM 框架，因此使用一种高效的优化算法对其进行求解，该算法基于凸差规划（DC）和 majorization 最小化算法的交替方向法（ADM），其模型及解决方案如下所述。

1. 具有重叠组稀疏性的相位一致性正则化

低秩加全变差方法及其扩展采用了基于空间域水平和垂直梯度最小化的正则项来缓解阶梯效应。比如真实图像由台阶、屋顶和坡道轮廓的组合组成，但水平和垂直方向的梯度只有台阶特征，无法完美检测出各种相角的结构特征。因此，全变差正则化的 LRMA 方法在图像重建过程中仍然可能导致尖锐、不规则边缘的精细细节丢失。通常，为了合理地保持结构，通常使用高斯混合或广义高斯分布来近似图像梯度的分布。Mingli 等人提出了一种低秩的 patch 正则化模型，该模型在简单的 TV 正则化之前结合了梯度直方图。典型的全变差正则化去噪方法没有充分考虑平滑区域和边缘区域之间的差异性，特别是不规则结构剖面之间的差异性，可能会出现不希望出现的边缘。

与基于空间域梯度的方法不同，相位一致性（Phase Consistency，PC）能够正确地检测出各种相角的特征。相位一致性模型将特征定义为图像中具有高相位阶次的点，是特征检测算子。由于相位一致性与对应点的信号特征相一致，因此适合于准确检测图像特征。为了克服这个出现不期望边缘的缺点，本研究将其应用于从噪声图像中提取结构轮廓。显然，具有 PC 的高阶信息比具有水平和垂直梯度的一阶信息更加丰富。但正因如此，PC 对噪声高度敏感，其结果降低了 PC 衍生特征的定位精度。最近，单演相位一致性（MPC）提高了特征定位的精度，并在计算效率和精度方面表现出了优于标准相位一致性的性能。在图像中的任意特定点 x 处，MPC 可表示为式（4-28）的形式：

$$M(x) = W(x)\left[1 - \xi \times \mathrm{acos}\left(\frac{E'(x)}{A'(x)}\right)\right]\frac{E'(x) - T}{A'(x) + \varepsilon} \tag{4-28}$$

式中，ξ 是将函数应用于滤波器响应扩展值而构造的权重函数，具体由文献[35]给出。$W(x)$ 是增益因子，其值域为（1，2），ε 的作用是锐化边缘响应，T 补偿了噪声的影响，$E'(x)$ 为局部能量信息。同样，$A'(x)$ 是点 x 处的局部振幅。MPC 既能保留不规则结构，又能很好地免疫脉冲噪声，因此，MPC 具有更好的表现。

与全变差正则化方法类似，带相位一致性的 L_1 常被用作脉冲噪声的保真项。但是，系数向分组稀疏的趋势，是完全重叠的，以避免块效应，无法被 l_1 和其他可分离稀疏模型捕获。为了更强烈地促进稀疏性，本文应用了基于合并混合范数的凸代价函数最小化的完全重叠组来实现移位不变性，并避免相位一致性正则化的块效应。由 OGS 扩展而来的重叠组稀疏正则项具有收敛速度快、鲁棒性强的优点，用它代替各向异性全变差模型去除椒盐噪声。

在二维数组中，使用以 MPC $\tilde{v}_{i,j,w,w}$ 中（i,j）任意特定点 v 为中心的 $w \times w$-point 群形成多个交错和重叠的正方形，我们定义正则化函数，以相位一致性表示重叠群稀疏性，如式（4-29）所示：

$$
\begin{aligned}
\psi(v) &= \sum_{m=0}^{w-1}\sum_{n=0}^{w-1}\left\{\sum_{l=0}^{w-1}\sum_{p=0}^{w-1}\left|M(v_{i-m+l,j-n+p})*Y(v_{i-m+l,j-n+p})\right|^{2}\right\} \\
&= \sum_{i}^{w}\sum_{j}^{w}\left\|\tilde{v}_{i,j,w,w}\right\|_{2}
\end{aligned}
\tag{4-29}
$$

式中，正则化项 $\psi(v)$ 表示组相位一致性，它充分考虑了像素附近的相位一致性信息。因此，它增强了图像的平滑区域和边缘区域之间的差异。

2. NLRM-PG 模型的优化处理

将式（4-27）中的核范数替换为定义良好的拉普拉斯范数，并使用具有重叠群稀疏约束的相位一致性而不是 TV 正则化，重新表述为式（4-30）的形式：

$$
\begin{aligned}
&\min_{L,S,N}\|L\|_{\mathrm{LPN}}+\lambda\psi(MY)+\alpha\|S\|_{1}+\frac{\gamma}{2}\|N\|_{\mathrm{F}}^{2}\\
&\text{s.t. } Y=L+S+N
\end{aligned}
\tag{4-30}
$$

式中，α,γ,λ 是平衡所有四个项的权衡参数；$\|L\|_{\mathrm{LPN}}=\sum_{i=1}^{m}\left(1-\mathrm{e}^{-\sigma_{i}(L)/\chi}\right)$ 表拉普拉斯函数非凸的低秩近似项，即干净的图像数据；$\psi(MY)$ 表示式（4-30）中的平滑保持项，利用相位一致的重叠组稀疏性避免块效应；$\|L\|_{\mathrm{LPN}}$ 表示椒盐噪声的稀疏误差项；N 表示高斯噪声。

4.5.6　NLRM-PG 模型的流程

在 NLRM-PG 模型中，其流程总结为以下方面：

（1）给出了被污染的图像；

（2）将等式（4-29）中的 MPC 算子应用于整个图像；

（3）通过在足够大的局部 i 窗口中搜索其非局部相似块（如块匹配）来构建图像 Y 中的局部块 Y_i 的矩阵；

（4）利用式（4-30）得到 Y_i 对应的 PCOGS 约束；

（5）利用结构保持前的非局部先验和 OGS、NLRM-PG 模型使矩阵 Y_i 具有低秩性；

（6）提出了一种有效的基于 ADMM 和 MM 的优化算法求解该非凸模型，并将 Y_i 分解为低秩矩阵 L_i、稀疏误差矩阵 S_i 和高斯噪声矩阵 N_i；

（7）最后，通过聚合所有去噪块来估计重建图像。

以上流程如图 4.14 所示。

经过合理的处理流程，NLRM-PG 模型完成了从带噪图像到去噪图像的去噪处理过程。

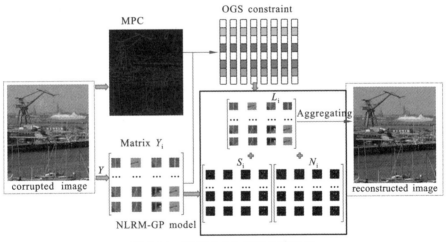

图 4.14　NLRM-PG 模型的流程图

4.5.7　求解 NLRM-PG 模型

在 NLRM-PG 模型中引入一个辅助变量，目标函数（4-30）可以重新表述为式（4-31）的形式：

$$\min_{L.S.N}\|L\|_{LPN}+\lambda\psi(V)+\alpha\|S\|_1+\frac{\gamma}{2}\|N\|_F^2$$

$$\text{s.t. } Y = L+S+N, \ V = MY \tag{4-31}$$

由于式（4-31）中的 4 个变量是可分离的，因此设计了基于交替方向乘子法（ADMM）的优化算法对其进行求解。因此，约束优化问题变成无约束优化问题，NLRM-PG 模型可以重写为增广朗日函数：

$$\ell(L,S,N,V;\varUpsilon,\varPsi)=\|L\|_{LPN}+\lambda\psi(V)+\alpha\|S\|_1+\frac{\gamma}{2}\|N\|_F^2+$$

$$\frac{\rho}{2}\left\|L+S+N-Y+\frac{\varUpsilon}{\rho}\right\|_F^2+\frac{\rho}{2}\left\|V-MY+\frac{\varPsi}{\rho}\right\|_F^2 \tag{4-32}$$

式中与约束相关联的拉格朗日乘子（或对偶变量），是与约束相对应的拉格朗日乘子。$Y = L+S+N\varPsi V = MY\rho$ 是罚参数。通过简单的操作，使用 ADMM 和最大最小（majorization minimization，MM）框架得到以下迭代方案。

在第（$k+1$）步，通过求解式（4-32）的子问题从而更新式（4-33）中的

$$\begin{cases} L_{k+1}=\arg\min_{L}\ell(L,S_k,N_k,V_k;\varUpsilon_k,\varPsi_k) \\ S_{k+1}=\arg\min_{S}\ell(L_{k+1},S,N_k,V_k;\varUpsilon_k,\varPsi_k) \\ N_{k+1}=\arg\min_{N}\ell(L_{k+1},S_{k+1},N,V_k;\varUpsilon_k,\varPsi_k) \\ V_{k+1}=\arg\min_{V}\ell(L_{k+1},S_{k+1},N_{k+1},V;\varUpsilon_k,\varPsi_k) \end{cases} \tag{4-33}$$

因此，对每个子问题的求解阐述为如下 4 步：

步骤 1： 更新 L。修正（4-33）中除 L 之外的其他变量，可以得到如下的 L 子问题：

$$L_{k+1}=\arg\min_{L}\|L\|_{LPN}+\frac{\rho_k}{2}\|L-D_k\|_F^2 \tag{4-34}$$

式中，$D_k = Y - S_k - N_k - \dfrac{\gamma_k}{\rho_k}$，但拉普拉斯范数是一个非凸函数，通常很难求解式（4-34）。为了解决这个问题，可以适当地利用凸差（DC）将式（4-34）分离为两个凸函数的差。给定的 SVD，假设有一个具有如下形式的最小化优化问题：

$$A = U\mathrm{diag}(\sigma_A)Q^\mathrm{T}, \ A \in R^{m \times n}$$

$$\min_Y P(Y) + \frac{\upsilon}{2}\|Y - A\|_\mathrm{F}^2 \qquad (4\text{-}35)$$

式中为 $P(Y)\upsilon > 0$，σ_A 酉不变函数和，σ^* 为奇异值向量。

在第 $(t+1)$ 次内迭代时，广义权重奇异值阈值化（WSVT）可以通过 as 迭代优化求解式（4-36）：

$$\sigma_{t+1}^* = \arg\min_{\sigma \geq 0} \langle \frac{\partial P}{\partial \sigma_t}, \sigma \rangle + \frac{\upsilon_t}{2}\|\sigma - \sigma_A\|_2^2 \qquad (4\text{-}36)$$

式中，$\dfrac{\partial P}{\partial \sigma_t}$ 是函数 $P(Y)$ 在点的梯度，是正的惩罚参数，更新为 $\upsilon\upsilon_t = \varepsilon\upsilon_{t-1}$，$(\varepsilon > 1)$。

$$\sigma_{t+1}^* \sigma_A - \frac{\partial P}{\partial \sigma_t}\upsilon_t^{-1}$$

因此，对于式（4-34），可得

$$A = D_k P(Y) = 1 - \mathrm{e}^{-\sigma_i(Y)/\chi}$$

$$\sigma_{k+1}^* = \max\left(\sigma_A - (\chi\upsilon_k)^{-1}\exp\left(\frac{-\sigma_t(D_k)}{\chi}\right), 0\right) \qquad (4\text{-}37)$$

经过几次迭代（实际上在两次迭代内），它收敛到一个局部最优点 σ^*。式（4-32）的最优解为

$$L_{k+1}^* = U \mathrm{diag}(\sigma^*) Q^\top \tag{4-38}$$

步骤 2：更新 S。修正（4-33）中除 S 之外的其他变量，可以得到以下子问题：

$$S_{k+1} = \underset{S}{\arg\min} \frac{\alpha}{\rho_k} \|S\|_1 + \frac{1}{2} \left\| S - \left(Y_k - L_{k+1} - N_k - \frac{\Upsilon_k}{\rho_k} \right) \right\|_F^2 \tag{4-39}$$

则借助于算子（4-39）可得式（4-40）的闭式解：

$$S_{k+1} = \mathrm{Z}_{\alpha/\rho_k} \left(Y_k - L_{k+1} - N_k - \frac{\Upsilon_k}{\rho_k} \right) \tag{4-40}$$

步骤 3：更新 N。修正（4-33）中除 N 之外的其他变量，可以得到以下子问题：

$$N_{k+1} = \underset{N}{\arg\min} \frac{\gamma}{2} \|N\|_F^2 + \frac{\rho_k}{2} \left\| N - \left(Y_k - L_{k+1} - S_{k+1} - \frac{\Upsilon_k}{\rho_k} \right) \right\|_F^2 \tag{4-41}$$

式（4-41）是一个具有闭式解的标准最小二乘回归问题，

$N_{k+1} = \dfrac{\rho_k (Y_k - L_{k+1} - S_{k+1}) - \Upsilon_k}{(2\gamma + \rho_k)}$。

步骤 4：更新 V。固定（4-33）中除 V 之外的其他变量，便可以得到以下子问题：

$$V_{k+1} = \underset{V}{\arg\min} \lambda \psi(V) + \frac{\rho_k}{2} \left\| V - \left(MY - \frac{\Psi_k}{\rho_k} \right) \right\|_F^2 \tag{4-42}$$

由于包含重叠组稀疏度（OLGS）函数，式（4-42）中的表达式满足形式： $\psi(V) \underset{v}{\min} \dfrac{a}{2} \|v - v_0\|_2^2 + \psi(v), a > 0$ ，因此，应用被称为迭代最大最小（Majorization Minimization，MM）算法的优化技术来求解上述模型。根据

文献[84]和[86]，式（4-32）可求解为式（4-43）的形式：

$$V_{k+1} = \left(I + \frac{\lambda}{\rho_k} \psi^2(V_k) \right)^{-1} \left(MY - \frac{\Psi_k}{\rho_k} \right) \qquad (4\text{-}43)$$

步骤 5：更新拉格朗日乘子和惩罚参数，并且这些变量由式（4-44）更新：

$$\begin{cases} \Upsilon_{k+1} = \Upsilon_k + \rho_k(L_{k+1} + S_{k+1} + N_{k+1} - Y) \\ \Psi_{k+1} = \Psi_k + \rho_k(V_{k+1} - MY) \\ \rho_{k+1} = \varepsilon\rho_k(\varepsilon > 1) \end{cases} \qquad (4\text{-}44)$$

通过以上 5 个步骤，采用 ADMM 和 MM 便能完成 NLRM-PG 模型的优化求解。

4.5.8　NLRM-PG 模型的算法

在基于含噪观测的图像恢复中，清晰图像通常不是低秩矩阵，观测矩阵不能直接用于恢复含噪图像。但是在自然图像中有许多类似的重复局部模式。基于非局部自相似性（NSS），对相似块进行分组得到 NSS 矩阵，并将 NSS 矩阵分解为一个低秩矩阵和一个稀疏矩阵，通过 NLRM-PG 算法从低秩矩阵中聚合这些块，得到重建图像。最后，算法 1 和算法 2 描述了 NLRM-PG 算法的整个过程。

利用算法中重建图像之前的迭代正则化来抑制随机噪声。通过反投影步骤，在第$(j-1)$步获得估计 $l(j)'(j-1)$后计算一个新的噪声观测 y：

$$Y(j) = l'(j-1) + \delta(Y - Y(j-1)) \qquad (4\text{-}45)$$

式中，y 表示噪声图像；$l'(j-1)$表示第$(j-1)$步的重建结果；δ 是调节因子，其值设置为 0.1。

算法 1：为每个 Y_i 估计 L 的 NLRM-PG 模型算子

输入：数据矩阵 Y_i，参数 $\chi > 0$，N 和 $\tau > 0$，$\alpha, \gamma, \lambda > 0$；

1：初始化：$L^0 = Y_i$，$S^0 = N^0 = V^0 = 0$，$k = 0$，$\upsilon_0 = 0.6$，$\rho_0 = 0.6$，$\varepsilon = 1.15$；

2：while rel $> \tau$　do

3：用式（4-38）求解 L^{k+1}；

4：用式（4-40）求解 S^{k+1}；

5：用式（4-41）求解 N^{k+1}；

6：用式（4-43）求解 V^{k+1}；

7：用式（4-44）更新拉格朗日乘子和惩罚参数 Υ_{k+1}，Ψ_{k+1}，ρ_{k+1}；

8：设置 $k = k + 1$；

9：更新 rel $= \dfrac{\|L + S + N - Y\|_F}{\|Y\|_F}$；

10：end while；

输出：$L_i = L^{k+1}$。

算法 2：通过 NLRM-PG 去除混合噪声

输入：噪声图像 y；

1：初始化 $l(0) = Y$；$Y(0) = Y$；

2：for $k = 1 : K$ do；

3：通过 $Y(k) = l(k - 1) + \delta(Y - Y(k - 1))$ 进行迭代正则化；

4：for 每一个块 Y_i 包含在 $Y(k)$ 中 do

5：找到相似的 patch，组成 Y；

6：对 Y_i 应用算法 1 进行估计 L_i；

7：end for

8：聚合 L_i，形成干净图像 $l(k)$；

9：end for

输出：去噪图像 $l(k)$

4.5.9　实验与分析

为了证明 NLRM-PG 模型的混合噪声去除能力，此处对 12 幅图像进行了实验，包括 8 幅常用的测试图像，真实数据包括 HYDICE urban 和 Mall，以及来自 PolyU real-world-noisy-images 数据集的两幅真实的高光谱带噪图像，以评估 NLRM-PG 算法模型的性能，如图 4.15 所示。同时，将 NLRM-PG 算法模型与几种当前最典型、最先进的方法进行了比较，分别是稀疏非局部正则化加权编码（WESNR）方法、加权低秩模型（WLRM）方法、结构张量全变分正则化加权核范数最小化（STTV-WNNM）方法、拉普拉斯尺度混合和非局部低秩近似（LSM-NLR）方法、加权核范数最小化（WNNM）方法、非凸低秩近似（NLRA）方法、基于非凸秩近似的鲁棒 PCA（RPCA-NRA）方法和 DSCNN 方法。

（a）Lena

（b）Man

（c）Boat

（d）Couple

（e）Peppers

（f）Hill

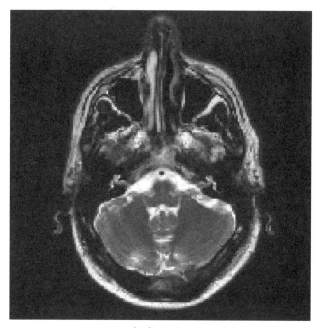

（g）Brain

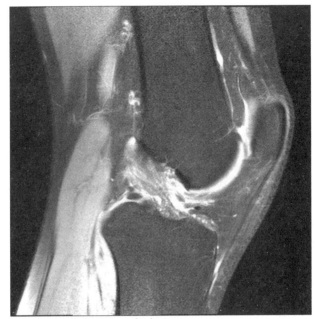

（h）Knee

（i）mall 数据集的第 100 波段

（j）urban 数据集的第 100 波段

（k）Canon600D toy2

（1）Canon5D2 toy3

图 4.15　实验所采用的图像集

4.5.10　评价方法和参数设置

采用峰值信噪比 PSNR 和最近提出的感知质量度量特征结构相似度 FSIM 来客观评价复原图像的质量。

PSNR 定义如式（4-46）所示：

$$PSNR(f,g)=10\log_{10}\frac{(\mathrm{Max}(f,g))^{2}}{MSE} \tag{4-46}$$

式中，f 和 g 分别表示原始图像和复原图像；MSE 为均方误差，定义为

$$MSE=\frac{1}{\mathrm{size}(f)}\|f-g\|^{2}\,\mathrm{Max}(f,g)$$

表示最大值函数。

FSIM 定义如式（4-47）所示：

$$FSIM = \frac{\sum_{z \in \Omega} G(z) * PC(z)}{\sum_{z \in \Omega} PC(z)} \qquad （4-47）$$

式中，$G(z)$ 为位置的梯度幅值；$PC(z)$ 表示图像 I 位置 z 位一致性；Ω 为图像空间域。

NLRM-PG 方法和参与对比的方法的基本参数设置如下：最大迭代次数 $K = 6$，batch 大小设置为 7×7，batch 数量设置为 40，惩罚因子根据文献[72]分别设置为 0.05、0.1、0.04，α, γ, λ C 的参数由文献[82]给出。DSCNN 是去除混合高斯-脉冲噪声的代表性深度学习方法，设置 patch size 为 33×33，训练的 batch size 设置为 256。初始学习率设置为 0.0001，epoch number 设置为 10。根据文献[35]，训练数据集由微软 COCO 数据集的 AWGN、RVIN 和 SPIN 组成的 100 张被混合噪声污染的图像组成。

4.5.11　参数的敏感性

实验中有必要观察所提出模型的参数的影响。在这一节中，通过 PSNR 和 FSIM 测试了所提算法的两个至关重要的参数——组规模 N 和低秩近似正则化参数，以评估其对算法的整体效果。$\mathcal{X}$ 最优参数，对三幅被 AWGN + SPIN（$\sigma = 10$，$s = 30\%$）污染的图像（"大脑""人"和"船"）进行测试。

首先，我们在固定的组大小 N 内检查使用正则化参数的效果。这里，对所有测试图像采取固定的组大小，$N = 5$。$\mathcal{X}$ 通过设置初始值，步长 $d = 0.005$，$\mathcal{X} = 0.001$，记录测试图像的 PSNR 和 FSIM 重建结果并绘制成图形，如图 4.16 所示。由图可知，当 $\mathcal{X} = 0.04$ 时得到了 FSIM 和 PSNR 各自的最优值。$\mathcal{X} \in [0.005, 0.025]$ 可以更好地逼近秩，但无法恢复低秩矩阵。因此，为了使去除混合噪声的性能达到最佳效果，最佳秩近似参数的最佳选择为 0.01。

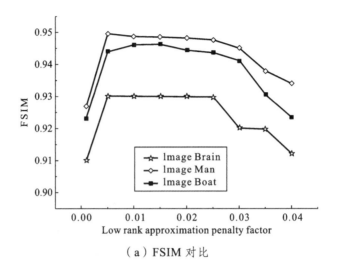

（a）FSIM 对比

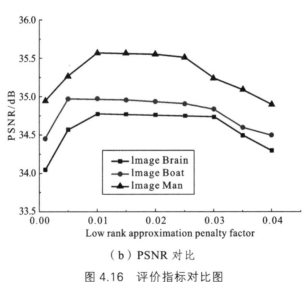

（b）PSNR 对比

图 4.16　评价指标对比图

接下来用同样的参数与被 AWGN + SPIN（$\sigma = 10$，$s = 30\%$）损坏的测试图像（"大脑""人"和"船"）来测试如何选择一个好的组大小 N，$\mathcal{X} = 0.01$ 使 N 在固定参数的情况下从 1 到 9 连续变化，并将其他参数选择到最优。

图 4.17 显示了三个测试图像（"Lena""Man"和"Boat"）被 AWGN + SPIN（$\sigma = 10$，$s = 30\%$）污染后，组大小 N 变化时的 PSNR 和 FSIM 图。从图中我们可以看到，所提方法的性能对组大小 N 的数量很敏感，$N = 5$ 的组大小提供了 PSNR 和 FSIM 的最佳值。因此，经过几轮实验后，为了获得最佳的视觉效果，将组大小 N 设置为 5。

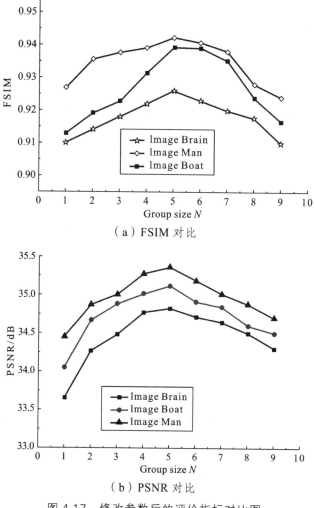

（a）FSIM 对比

（b）PSNR 对比

图 4.17　修改参数后的评价指标对比图

4.5.12　AWGN 和 IN 的混合噪声实验

为了展示所提模型的性能,我们使用了 8 张大小为 512×512 的灰度图像来模拟含噪图像。实验中考虑了 AWGN + SPIN 和 AWGN + RVIN,分别与几种竞争方法进行对比。通过 AWGN 的标准差 σ 从 10 到 50,SPIN 的自旋比 s 为 10%、30% 和 50%,RVIN 的 r 为 10%、30% 和 50% 的不同组合产生不同的噪声水平。表 4.3 和表 4.4 分别展示了我们提出的去噪算法去噪后图像的平均 PSNR 和 FSIM 结果,以及前 8 幅测试图像在 AWGN + SPIN 和 AWGN + RVIN 混合噪声下的对比方法。

表 4.3　图 4.7 中前 8 个测试图像的混合噪声去除（AWGN + SPIN）平均 PSNR（dB）/FSIM 结果

方法		WESNR	WLRM	STTV-WNNM	LSM-NLR	WNNM	依照 NLRA	RPCA-NRA	DSCNN	NLRM-PG
$\sigma = 10$	$s = 10\%$	35.32/ 0.963 6	35.29/ 0.925 6	35.04/ 0.932 7	35.33/ 0.954 9	34.84/ 0.921 4	35.79/ 0.938 9	35.51/ 0.931 2	36.32/ 0.968 9	**36.37**/ **0.969 7**
	$s = 30\%$	33.35/ 0.911 3	33.45/ 0.901 2	33.08/ 0.912 7	34.08/ 0.934 9	32.87/ 0.902 7	33.49/ 0.921 2	33.25/ 0.915 7	**35.19**/ **0.952 7**	35.17/ 0.951 4
	$s = 50\%$	28.07/ 0.862 3	28.15/ 0.866 8	28.99/ 0.869 7	**30.95**/ 0.877 3	28.24/ 0.847 3	29.12/ 0.879 7	29.01/ 0.857 8	30.82/ **0.884 1**	30.90/ 0.874 1
$\sigma = 20$	$s = 10\%$	34.27/ 0.932 9	34.36/ 0.925 6	34.21/ 0.924 1	34.27/ 0.937 8	34.05/ 0.910 7	34.54/ 0.938 2	34.48/ 0.924 2	35.52/ 0.945 3	**35.59**/ **0.947 0**
	$s = 30\%$	32.63/ 0.909 1	32.48/ 0.900 5	32.28/ 0.907 1	32.15/ 0.910 4	32.04/ 0.899 5	32.32/ 0.909 5	32.18/ 0.902 6	32.43/ **0.922 4**	**32.47**/ 0.914 5
	$s = 50\%$	28.24/ 0.869 3	28.38/ 0.860 1	28.14/ 0.869 8	**30.57**/ **0.899 7**	28.03/ 0.864 3	30.14/ 0.891 5	30.07/ 0.885 5	30.23/ 0.899 6	29.97/ 0.887 4

续表

方法		WESNR	WLRM	STTV-WNNM	LSM-NLR	WNNM	依照NLRA	RPCA-NRA	DSCNN	NLRM-PG
$\sigma=30$	$s=10\%$	28.14/0.853 7	28.17/0.854 3	28.21/0.889 4	28.48/0.898 7	28.11/0.881 7	28.21/0.889 4	28.02/0.878 4	29.82/0.898 9	**29.99/0.917 0**
	$s=30\%$	26.41/0.909 1	26.54/0.900 5	26.71/0.907 1	26.57/0.910 4	26.43/0.901 2	26.61/**0.912 5**	26.42/0.908 6	**26.63/**0.910 7	26.47/**0.912 5**
	$s=50\%$	24.78/0.853 4	24.79/0.849 1	24.37/0.846 7	24.87/0.851 7	24.18/0.831 5	24.84/0.842 9	24.71/0.835 4	24.89/0.852 5	**24.97/0.857 4**
$\sigma=50$	$s=10\%$	27.45/0.837 4	27.36/0.825 6	27.21/0.824 1	27.27/0.827 8	27.13/0.820 4	27.46/0.828 5	27.38/0.821 3	27.53/0.836 2	**27.59/0.837 6**
	$s=30\%$	25.63/0.809 1	25.48/0.800 5	25.28/0.807 1	25.15/0.810 4	25.03/0.794 7	25.39/0.810 1	25.25/0.807 2	25.44/0.813 1	**25.47/0.814 5**
	$s=50\%$	24.24/0.789 3	24.38/0.760 1	24.14/0.769 8	24.37/0.787 4	24.01/0.764 2	24.23/0.775 1	24.14/0.768 4	24.50/0.787 8	**24.57/0.789 7**

表 4.4 图 3 前 8 个测试图像的混合噪声去除（AWGN + RVIN）平均 PSNR（dB）/FSIM 结果

方法		WESNR	WLRM	STTV-WNNM	LSM-NLR	WNNM	依照NLRA	RPCA-NRA	DSCNN	NLRM-PG
$\sigma=10$	$r=10\%$	36.29/0.966 1	36.26/0.965 6	36.02/0.956 7	36.33/0.967 9	35.81/0.950 1	36.68/0.969 8	36.65/0.964 1	36.92/0.975 1	**36.96/0.979 8**
	$r=30\%$	34.59/0.921 1	34.69/0.921 7	35.21/0.932 7	35.78/0.947 2	35.03/0.929 8	35.98/0.951 0	35.85/0.950 2	35.99/0.951 2	**36.02/0.952 5**
	$r=50\%$	30.27/0.894 8	30.28/0.896 8	31.05/0.900 1	31.99/0.917 3	30.86/0.894 5	32.14/0.919 8	32.03/0.916 8	32.21/**0.920 2**	**32.24/0.920 2**

续表

方法		WESNR	WLRM	STTV-WNNM	LSM-NLR	WNNM	依照 NLRA	RPCA-NRA	DSCNN	NLRM-PG
$\sigma=20$	$r=10\%$	35.02/ 0.914 7	35.23/ 0.918 9	35.58/ 0.920 1	35.79/ 0.935 4	35.42/ 0.914 2	35.89/ 0.942 4	35.82/ 0.941 3	35.93/ 0.945 9	**36.07/ 0.951 7**
	$r=30\%$	33.21/ 0.910 7	32.94/ 0.907 5	33.12/ 0.914 8	33.65/ 0.921 6	33.01/ 0.910 3	33.89/ 0.926 2	33.79/ 0.924 1	33.92/ 0.926 9	**33.97/ 0.928 6**
	$r=50\%$	29.18/ 0.867 1	29.33/ 0.872 3	29.84/ 0.882 4	30.37/ 0.909 7	29.74/ 0.878 1	30.79/ 0.910 4	30.48/ 0.910 1	30.82/ 0.911 1	**31.07/ 0.912 4**
$\sigma=30$	$r=10\%$	32.23/ 0.901 4	32.46/ 0.907 9	32.62/ 0.910 2	33.45/ 0.928 4	32.45/ 0.903 2	33.68/ 0.929 8	33.54/ 0.926 7	33.87/ 0.930 8	**33.94/ 0.931 4**
	$r=30\%$	29.38/ 0.907 2	29.54/ 0.909 7	29.61/ 0.904 6	30.34/ 0.912 2	29.45/ 0.901 2	30.89/ 0.915 6	30.68/ 0.914 0	30.99/ **0.918 6**	**31.23/ 0.918 6**
	$r=50\%$	27.84/ 0.878 6	27.79/ 0.867 5	27.88/ 0.872 6	28.75/ 0.886 7	27.62/ 0.870 1	28.96/ 0.889 6	28.85/ 0.885 6	28.99/ 0.895 2	**29.16/ 0.897 8**
$\sigma=50$	$r=10\%$	28.62/ 0.886 5	28.36/ 0.868 7	28.73/ 0.872 1	29.31/ 0.892 4	28.42/ 0.868 9	29.84/ **0.892 9**	29.45/ 0.891 2	29.79/ 0.891 7	**29.85/** 0.892 0
	$r=30\%$	26.37/ 0.845 7	26.48/ 0.850 2	26.63/ 0.852 1	27.34/ 0.862 6	26.41/ 0.850 6	27.68/ 0.868 9	27.59/ 0.865 7	27.95/ 0.880 4	**28.02/ 0.883 6**
	$r=50\%$	25.41/ 0.797 8	25.38/ 0.783 7	25.54/ 0.792 8	26.57/ 0.823 7	25.38/ 0.790 1	26.94/ 0.836 4	26.69/ 0.824 8	27.26/ **0.849 8**	**27.34/** 0.846 4

表 4.3 给出了前 8 幅带有混合 AWGN + SPIN 噪声的测试图像的测试结果。最好的指标值被标记为黑体。从表中可以看出，所提出的 NLRM-PG 方法能够始终取得远高于其他方法的 PSNR 和 FSIM 指标。特别地，所提出的模型在较低的噪声水平下工作得更好。在高噪声水平下，可以看到所提出的 NLRM-PG 的性能明显优于除 LSM-NLR 之外的其他竞争方法。这主要是因为它可以准确地用非凸替代逼近低秩，并结合相位一致性和重叠群稀疏性的全局结构信息。在较高噪声水平下，LSM-NLR 方法略优于 NLRM-PG 方法，这主要是因为尖锐的边缘和结构被严重破坏，从而使所提出的方法失效。

表 4.4 给出了测试方法在 8 幅基准图像上的不同噪声水平下获得的平均 PSNR 和 SSIM 值。在使用 AWGN + RVIN 混合噪声的实验中，先使用自适应中值滤波（AMF）去除 RVIN，然后使用测试方法去除混合噪声。从表 4.4 中可以清楚地看到，对于混合 AWGN + RVIN 的去除，提出的 NLRM-PG 取得了明显优于所有竞争方法的 PSNR 和 FSIM 指标。这验证了非凸低秩建模和相位一致性和重叠组稀疏正则化在去除混合噪声方面的有效性。

为了验证我们提出的方法与非凸低秩和相位一致性正则化器，我们比较了不同算法恢复的图像细节。图 4.18 所示展示了 AWGN + SPIN（$\sigma = 20$，$s = 30\%$）的四幅图像（"人""船""夫妇"和"膝盖"）。STTV-WNNM 也是一种使用加权核范数和结构张量 TV 正则化的低秩方法。从图中可以看出，所提出的 NLRM-PG 方法与其他竞争方法相比，恢复出了结构更不规则、细节更精细、视觉舒适的图像。我们提出的方法恢复的图像在图 4.10 中也更接近原始图像。这证明了相位一致性和重叠组稀疏性比传统 TV 更适合作为描述图像稀疏性的正则化项。

（a）噪声图像

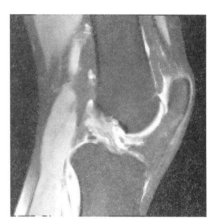

（b）WESNR

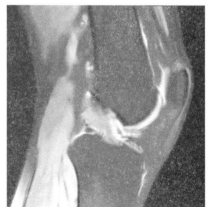

（c）WLRM

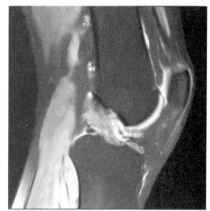

（d）STTV-WNNM

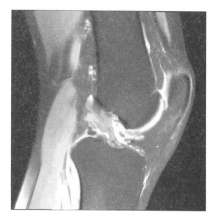

（e）LSM-NLR

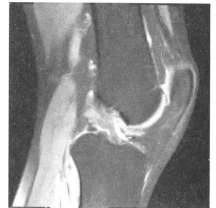

（f）WNNM

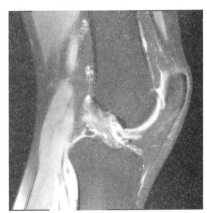

（g）依照 NLRA

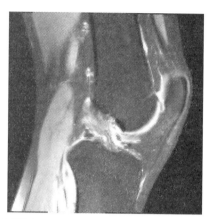

（h）RPCA-NRA

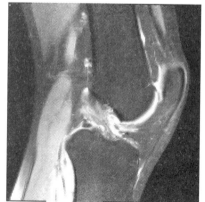

（i）DSCNN

（j）NLRM-PG

图 4.18　分别对被 AWGN + SPIN（$\sigma = 20$，$s = 30\%$）污染的测试图像
（Man，Boat，Couple 和 Knee）进行不同方法的去噪结果

　　图 4.19 展示了 WESNR、WLRM、STTV-WNNM、LSM-NLR、DSCNN、NLRA、RPCA-NRA 和 NLRM-PG 复原图像的放大细节以供对比。从图中放大部分复原图像的视觉效果来看，WESNR 去噪会在图像中产生明显的块效应。通过对比放大后的图像，我们可以很容易地看到，图中的草坪纹理细节在本文提出的 NLRM-PG 去噪方法下是清晰的，并且保留得很好，而其他方法在去噪细节的地面纹理上存在严重的模糊。从图 4.18 和图 4.19 中可以观察到，纯粹基于核范数和非凸低秩近似的低秩方法，如

WLRM、STTV-WNNM、NLRA 和 RPCA-NRA，在 PSNR 方面提供了很好的去噪精度，但获得了比 NLRM-PG 更平滑的重建，引入了虚假纹理对应的噪声。

此外，DSCNN 可以最大限度地去除混合噪声，同时有效地保留了图中的纹理和边缘信息。与几种最先进的方法相比，如 LSM-NLR，WNNM，NLRA 和 RPCA-NRA，我们的 NLRM-PG 模型的一个优势是，NLRM-PG 充分利用了 OGS 突出的非凸优化和相位一致性正则化来保持不规则结构和平滑，以去除我们提出的去噪框架中的混合噪声。

（a）原始图像

（b）带噪图像

（c）WESNR 去噪效果

（d）WLRM 去噪效果

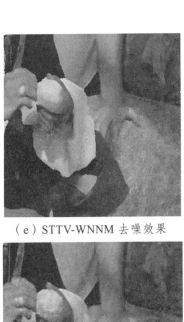

（e）STTV-WNNM 去噪效果　　　　　　（f）LSM-NLR 去噪效果

（g）NLRA 去噪效果　　　　　　　（h）RPCA-NRA 去噪效果

（i）DSCNN 去噪效果　　　　　　（j）NLRM-PG 去噪效果

图 4.19　用 AWGN + SPIN 腐蚀的 man 图像上的复原结果碎片
（$\sigma = 10$；$s = 30\%$）的不同方法

4.5.13　高光谱波段图像和真实噪声图像的实验

为了进一步评估所提方法的有效性，以 HYDICE urban 和 Mall 的两幅高光谱波段图像以及 PolyU 真实噪声图像数据集的两幅真实噪声图像为研究对象，分别采用 NLRM-PG 与竞争去噪方法进行去噪并对去噪后的效果进行了比较，如图 4.20、图 4.21 所示。

（a）原始图像　　　　　　　　　　（b）STTV-WNNM 去噪效果

（c）NLRA 去噪效果　　　　　　　（d）RPCA-NRA 去噪效果

（e）NLRM-PG 去噪效果

图 4.20　HYDICE urban 数据集第 100 波段的去噪效果对比

（a）原始图像

（b）STTV-WNNM 去噪效果

（c）NLRA 去噪效果

（d）RPCA-NRA 去噪效果

（e）NLRM-PG 去噪效果

图 4.21　Washington DC Mall 数据集第 100 波段去噪效果对比

图中的高光谱波段图像分别位于 Mall 的 100 波段和 HYDICE urban 的 100 波段。由于真实的高光谱图像受到高斯噪声、椒盐噪声、条纹、截止日期等未知噪声的污染，而 WESNR、WLRM、LSM-NLR 和 DSCNN 方法不适用于高光谱图像降噪，因此我们没有与它们进行比较。

根据 STTV-WNNM 替换二维矩阵，将 NLRM-PG 扩展到张量情况。

如图 4.20 和 4.21 所示，在高亮区域可以很容易地观察到所提方法的优越性能。图 4.20（b）和图 4.21（b）的边缘较模糊。一些伪影出现在图 4.20（c）、（d）和图 4.21（c）、（d）的内部区域。相比之下，所提出的 NLRM-PG 比其他竞争方法更好地恢复了结构和边缘。NLRM-PG 的去噪性能是令人满意的，因为图像的边缘和结构细节都得到了完美的保留。

由于高光谱图像尺寸非常大，为了进行实验，裁剪了 15 张尺寸为 512×512 的图像。图 4.15 显示了来自 PolyU 数据集裁剪后的两幅图像，分别是 Canon600D toy2 和 Canon5D2 toy3。由于真实的噪声图像没有"ground truth"，所以这些均值图像可以粗略地用于去噪算法的定量评价。在实验中，RGB 彩色图像的每个通道都应用了图像去噪算法。所有参数设置与 AWGN 混合噪声和模拟实验中相同。

各种算法在两幅图片上的 PSNR 和 FSIM 实验结果如表 4.5 所示。最好的 PSNR 和 FSIM 结果以粗体突出显示。可以看到，本章所提方法在 PSNR 和 FSIM 值上明显优于其他竞争方法，这是因为 WESNR、WLRM 和 DSCNN 保留了噪声，而 STTV-WNNM、NLRA、RPCA-NRA 和 LSM-NLR 产生了伪影。因此，结果表明，本章提出的 NLRM-PG 是一种有效地解决真实图像去噪的方案。

4.5.14 运行时间和讨论

计算效率是除视觉质量外去除混合噪声的另一个重要性能指标。所提出的算法和其他竞争方法在一台 CPU 为 64 位、i7-8750H 2.50 GHz，内存为 8 GB，Windows 10 和 MATLAB 版本为 R2016a 的便携式计算机上运行。在被 AWGN + SPIN（$\sigma = 20$，$s = 30\%$）污染的两张尺寸为 512×512 的图像上，所提出的方法与其他对比方法的平均运行时间比较如表 4.6 所示。从表 4.6 中可以看出本章所提出的 NLRM-PG 方法的运行时间。

表 4.5 Canon600D toy2 和 Canon5D2 toy3 两幅图片上各种算法
PSNR 与 FSIM 评价指标汇总

方法	Canon600D toy2		Canon5D2 toy3	
	PSNR/dB	FSIM	PSNR/dB	FSIM
WESNR	34.79	0.892 5	34.98	0.894 6
WLRM	35.08	0.897 9	35.39	0.901 1
STTV-WNNM	35.98	0.927 1	36.14	0.946 2
LSM-NLR	35.78	0.921 0	36.01	0.928 5
WNNM	35.59	0.913 2	35.76	0.920 1
NLRA	36.29	0.922 2	36.47	0.928 4
RPCA-NRA	36.12	0.917 6	36.32	0.923 2
DSCNN	36.19	0.934 3	36.49	0.943 8
NLRM-PG	**36.32**	**0.944 8**	**36.59**	**0.950 1**

表 4.6　被 AWGN + SPIN（$\sigma = 20$，$s = 30\%$）污染的两张尺寸为 512 × 512 的图片（Boat，Couple）经过各种算法处理的运行时间（s）比较

方法	WESNR	WLRM	STTV-WNNM	LSM-NLR	WNNM	NLRA	RPCA-NRA	DSCNN	NLRM-PG
运行时间	12.9	9.8	156.7	97.8	148.2	158.5	144.2	**9.57**	178.4

从表 4.6 可以看出，DSCNN 在 CPU 上可以有比较高的速度，而 STTV-WNNM、NLRA、RPCA-NRA 和 NLRM-PG 比其他竞争方法消耗更多的时间。这是因为所提出的方法使用了基于低秩近似的正则化，计算复杂度高。虽然本文的方法花费了更多的运行时间，但提供了更好的结果。此外，所提出的分解为多个子问题的方法可以利用并行计算技术来进一步加速。

与全变差正则化相比，基于 OGS 的相位一致性正则化更适合准确地保持图像特征，提供了特征项的稀疏性和局域性，以实现精确重构。同时，利用 OGS 正则化的相位一致性来挖掘空间域内的多角度结构信息，可以进一步促进局部细节的保留和更少的阶梯伪影，用于去除高斯和脉冲噪声。

综上所述，NLRM-PG 很好地保护了图像的边缘和纹理信息，同时图像中的块效应也得到了充分的抑制。此外，用于去除混合噪声的深度学习方法也从实验结果中展示了优异的去噪性能。为了更好地保留局部细节信息，后续的混合去噪任务可开发集成到深度学习框架中的相位一致性和 OGS。

通过将相位一致性和 OGS 应用于 AWGN 和 IN 混合噪声污染的图像，用一种新的正则化模型来研究非凸低秩逼近，本章提出了一种结合 PC 正则化和重叠组稀疏的新型 NLRM 来去除混合噪声。在合成数据和真实数据

上的实验结果表明，该方法是有效的。NLRM-PG 关注的是 AWGN + SPIN 和 AWGN + RVIN 两种类型的混合噪声，但其他类型的混合噪声去除将在未来的工作中通过改进模型进一步研究。

4.6 本章小结

为了实现高光谱混合噪声的去除，本章提出了两种算法模型，分别是 RTV-WNNM 算法模型和 NLRM-PG 算法模型。经过对该两种模型的优化求解、实验分析、指标评价等，其结果表明这两种算法模型在去除混合噪声的同时，还能良好地保存图片中的细节信息，均表现出优良的性能。其中，针对 WNNM 图像去噪算法易丢失图像不规则结构信息，引起去噪过平滑现象，提出了融合加权 RTV 正则化约束的图像去噪算法模型 RTV-WNNM，该算法加入 RTV 范数和稀疏约束后，能有效地保持图像边缘和加强区域平滑，在提高图像去噪性能的同时，还能较好地保留高光谱图像的丰富细节。

此外，对不同的高光谱图像数据集的不同波段，在不同的噪声密度下进行了去噪，并对去噪后的效果进行 PSNR、FSIM 客观评价指标的对比分析，还从不同的噪声类型、去噪的效果、细节保留、客观评价指标等多个方面进行了全面、详细的对比分析，分析结果表明：本章所提出的算法模型在去除多种噪声构成的混合噪声时，均表现出较好的降噪效果，在去除高光谱图像中的混合噪声的同时，能较好地保留高光谱图像的丰富细节和不规则边缘信息。

在本章中，分别针对两种算法模型进行了对比分析。其一，采用了直接的视觉比较，通过视觉比较可知：采用 TRV-WNNM 和 NLRM-PG 算法模型进行混合噪声去除的视觉效果良好，高光谱图像中的噪声被去除且图像的细节被较好的保留。其二，通过客观评价指标 PSNR 和 FSIM 进行衡量，其汇总结果表明：TRV-WNNM 和 NLRM-PG 算法模型的整体指标较好，说明这两种算法模型的去噪效果优于参与对比分析的当前较为典型算法模型，且能良好地保留图像的结构、边缘、地物形态等细节信息，尤其是不规则的地物边缘得到了很好的保留，为后续的高光谱图像应用奠定了坚实的基础，避免了因去噪效果差而导致的后续应用障碍，为高光谱图像去除混合噪声提供了新的思路、方法和途径。

第 5 章

基于混合平滑正则化自适应加权张量环分解的高光谱图像复原

高光谱图像（HSI）的复原作为高光谱图形预处理的重要方面，在许多潜在应用中具有重要的作用和意义。其中，将低秩张量环分解技术应用于 HSI 重建，体现了高阶张量的强大和泛化表示能力。虽然基于核范数正则化的低秩 TR 方法在恢复高光谱图像方面取得了大量的成果，但在张量低秩近似的逼近研究中，依然存在较大的研究空间。目前，几种典型的混合噪声的去除算法能较好地去除高光谱图像中的混合噪声，但是不足也显而易见，如去除混合噪声的同时也去除了图像的细节，尤其是高光谱图像中的地物斜街和边缘，或者产生了伪影，均不能很好地完成高光谱图像的预处理，不能为后续的图像应用起到积极的作用。

经过对当前的多种去除混合噪声的算法模型的深入分析和总结，开拓新的思路，采用张量环作为高光谱图像的表现方式，增加新的正则化条件对去噪模型进行约束，采用更有效的解法对算法模型进行优化求解，本章提出了"基于混合平滑正则化的自加权低秩张量环分解（a novel Auto_weighted low_rank Tensor Ring Factorization with Hybrid Smoothness regularization，ATRFHS）算法模型"，该算法利用非局部长方体张量化（NCT）将 HSI 数据转换为高阶张量，利用潜在因子秩最小化的 TR 分解可以去除 HSI 数据中的混合噪声。为了有效地突出因子张量的核范数，采用自动加权的策略来减少突出程度较高的因子，同时缩小较小的因子。在低秩张量环分解模型中引入了一种结合全变分（TV）和相位一致性（PC）的混合正则化，以解决 HSI 噪声去除问题。这种有效的组合产生了更突出的边缘保持效果，解决了现有单一依靠 TV 正则化的弱点。

此外，为了使得模型的计算更合理，采用了一种高效的优化求解算法，即利用交替最小化框架来解决由此产生的优化问题。经过充分的仿真实验和真实数据实验，其数据结果表明，本章所提出的 ATRFHS 方法在去除高光谱混合噪声的时候，显著优于现有的其他方法。

5.1　ATRFHS 算法模型的研究背景

高光谱成像是通过使用专门的传感器来捕获许多窄波长的数据，形成高光谱图像（Hyperspectral Imaging，HSI）。它的波段数量多，宽度窄，所以又被叫作窄波段，其波段数量为几百到上千。高光谱图像 HSI 通常表示为一个三维图像，即空间中的二维和光谱维，其中每个图像代表窄波段中的一个波段。然而，高光谱成像仪在捕获和传输过程中经常受到各种噪声的污染，包括高斯噪声、条纹噪声、脉冲噪声及其混合（Bioucas 等人，2013），使得对高光谱图像的进一步分析和使用具有挑战性。因此，从 HSI 中去除噪声是一个必需的任务，作为预处理步骤之一，吸引了大量的关注（Dabov 等人，2007；Zhang 等人，2014；Chen 等人，2017；Wu 等人，2017；Aggarwal 等人，2016；Wang 等人，2018；Zhang 等人，2014；Huang 等人，2017；Fan 等人，2017；Chen 等人，2018；Liu 等人，2012）。

由于高维 HSI 是由数百张独立图像带状组合而成的，因此 HSI 的每个波段都被视为二维图像。然后，采用传统的图像复原方法逐波段去除噪声，如 BM3D（Dabov 等人，2007）[2]和低秩矩阵近似（Zhang 等人，2014；Chen 等人，2017）。基于矩阵的去噪方法使用常规的二维图像去噪方法，将三维张量展开为一个矩阵或独立处理每个波段。传统的 HSI 去噪算法只能单独评估每个像元或波段的结构属性，忽略了所有光谱波段与全局结构信息之间的重要关系。通过考虑所有光谱波段之间的相关性，学者们研究了各种改进方法来弥补缺点。

　　HSI 是具有两个空间维度和一个光谱维度的三维图像堆栈。因此，张量是 HSI 数据的现实表示。在过去的几年里，为了充分捕捉 HSI 的空间-光谱相关性，许多研究人员使用张量分解来分析 HSI，例如具有全变差正则化的低秩张量方法（Wu 等人，2017），通过稀疏先验进行三层变换的张量补全（Xue 等人，2020）和 laplacian scale mixture（Xue 等人，2022），缺失数据恢复（Liu 等人，2015；Yokotaet 等人，2016），高光谱图像超分辨率（Dian 等人，2019），高光谱图像低秩张量分解复原（Zeng H 和 Xie X 等人，2020；Xiong 等人，2019；Chen Y 等人，2019；何伟等人，2022），以及高光谱图像去噪（Chen Y 和 He W 等人，2022；陈妍，T. Z.黄等人，2022）。这些张量分解方法具有同时研究所有波段内 HSI 之间的空谱相关性和更好地保留图像的空谱结构的优势。然而，它们未能捕捉 HSI 的内在高阶低秩结构，也不能保持更尖锐的边缘。

　　许多研究已经证明了低秩张量近似技术在处理高阶张量数据方面的优势。最近，张量环（Tensor Ring，TR）（Zhao 等人，2016；Huang 等人，2020）被发展为将高阶张量描述为循环收缩的三阶张量序列，这是张量列（Tensor Train，TT）的扩展版本（Oseledets 等人，2011）。由于它有能力表示高维数据内部的复杂相互作用，TR 受到了越来越多的关注。它被用于许多高维不完全数据恢复应用中，如 HSI CS 重建（Chen 等人，2020；He 等人，2019）、张量环网络（Wang W 等人，2018）、张量补全（Yuan 等人，2020；Ding M 等人，2022），高维图像中的缺失数据恢复（Wang 等人，2021），以及 HSI 去噪（Chen 等人，2020；L Xuegang 等人，2022；Xue 等人，2019）。

　　与传统的张量分解相比，施加在张量近似上的 TR 分解有两个优势。首先，TR 因子在迹操作中可以等效循环旋转，但传统的张量分解技术无法旋转核心张量。其次，由于 TR 提供了一个张量对张量的表示架构，原始数据结构可以得到更好的维护。

关于 TR 低秩表征的两个代表性工作是低秩 TR 分解（Low-rank TR Decomposition，LTRD）和 TR 秩最小化（TR Rank Minimization，TRRM）。He 等人针对遥感图像的缺失信息重建引入了 TR 分解和全变分正则化方法。Chenet 等人描述了用于 HSI 去噪的非局部 TR 分解。虽然基于 TRD 的方法已经显示出良好的去噪效果，但 TR 秩参数估计是一个 NP-hard 问题。

基于 TRRM 的方法是以基于核范数对 TR 秩的有偏近似，不需要选择最优的 TR 秩。它比前者的效率更高。Wang 等人提出了一种带 TR 因子核范数和全变差正则化的加权 TR 分解模型，用于高维光学 RS 图像中的缺失数据恢复。Chen 等人通过 mode-k 矩阵化引入了所有展开矩阵的核范数之和作为张量补全问题的张量 Tucker 秩的凸代理项。为了探索整个 HSI 数据的潜在特征，Yuan 等人提出了 TR 核范数最小化的 TRRM 模型，并通过循环展开矩阵的 TR 秩的凸代理来阐述高阶缺失数据补全问题。Yu 等人通过利用张量和 TR 潜空间之间的秩关系，提出了一种基于 TRRM 的方法，对潜在 TR 因子进行核范数正则化。通过对 TR 展开矩阵惩罚 logdet 函数的改进版本，Ding 提出了此作为补救措施。然而，这些方法基于非平衡 TR 展开矩阵的权重核范数凸松弛，需要人工选择最优权重值，导致执行时求解效果较差。此外，传统基于 TR 的方法在直接利用原始数据的低秩特性方面存在不足，仍有很大的改进空间。

由于展开矩阵的秩和规模较大，基于 TRRM 的方法中秩最小化框架下的 SVD 算子计算时间较长。为了更方便计算，Wang 等人采用了 TR 分解的三个低维张量因子作为 TR 秩的凸代理。由于 TR 因子的低维性，SVD 的计算量大大减少。通过将低阶张量转换为高阶张量，可以有效地利用更好的低秩表示。因此，利用原始数据上的低秩和边缘保持的基于 TRRM 的方法是不够的。

受秩最小化在张量补全 TR 隐因子上的高效性启发，为有效促进解的低秩性，本文引入了一种基于全变分（TV）和相位一致性（PC）混合平滑正则化的自权重 TR 因子核范数最小化来恢复 HSI 图像，可以更准确地逼近 TR 秩和更锐化的促进边缘保持。

5.2　相关知识

5.2.1　张量环分解

张量环（Tensor Ring，TR）是一种重要的张量分解方法，在代数、几何、物理等方面均有广泛的应用。张量环是指一个环上的张量积，是一个向量空间上的环，能进行加法和乘法运算。而在代数学中，张量环是一种重要的代数结构，用于描述向量空间的结构和性质。

张量环分解又叫作 TR 分解，是指将一个张量环分解成多个小的张量环的乘积的形式，相当于张量网络中的循环结构，对张量环进行分解后，张量环便得到了简化，更方便对张量环的结构、性质进行分析和理解。它有项典型的性质：

性质 1：唯一性。

唯一性指的是任何一个张量环都可以唯一地分解成若干个小张量环乘积的形式。

性质 2：可逆性。

可逆性是指任何一个张量环都可以通过若干个小的张量环组合而成，即分解和组合均可唯一地完成。

5.2.2　张量环的表示

张量环采用小写字母来表示标量，例如 $m \in \mathbb{R}$；向量用粗体小写字母表示，例如 y；大写字母表示矩阵，例如 Y；一个 n 阶张量由小写字母在本文中由书法字母给出，例如，表示 $\mathcal{Y} \in \mathbb{R}^{I_1 \times I_2 \cdots \times I_N}$。$\mathcal{Y}(i_1, i_2, \cdots, i_N)$ 张量序列由集合定义 $\{\mathcal{Y}^{(k)}\}_{k=1}^{N} := \{\mathcal{Y}^{(1)}, \mathcal{Y}^{(2)}, \cdots, \mathcal{Y}^{(N)}\}$ 构成，其中 $\mathcal{Y}^{(k)}$ 是该序列的第 k

个张量。$\mathcal{Y}^{(k)}$ diag（Y）表示由 Y 的对角线元素组成的列向量，用 E 来表示单位矩阵。Y 的 Frobenius 范数定义为 $\|Y\|_2^F = \sqrt{\langle Y, Y \rangle}$，核范数 $\|Y\|_*$ 是矩阵 Y 的奇异值之和。

线性张量网络可以通过一系列三阶张量上的循环多线性积来图形化地表示。边的数量表示一个张量（包括矩阵和向量）的阶数。每个模态的大小由边（或维度）旁边的数字表示。以特定方式在两个张量之间的多线性乘积算子，也称为张量收缩，对应于当两个节点连接时该模态的指标的总和，如图 5.1 所示。

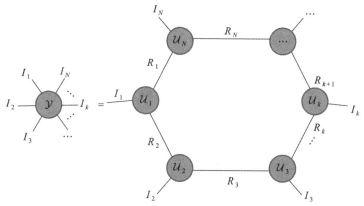

图 5.1　张量环的结构表示

对于 $i = 1, \cdots, N$，TR 因子用一个三阶张量表示 $\mathcal{U}_{(i)} \in \mathbb{R}^{r_{i-1} \times R_i \times r_i}$，$\{R_1,$ $R_2, \cdots, R_N, R_{N+1}\}$ 为 TR 的秩，它控制了 TR 分解的模型复杂度并满足 $R_1 = R_{N+1}$ 的 TR 秩表示，那么，可用 TR 格式的张量来估计 $\mathcal{Y}$，表示为 $\mathfrak{M}([\mathcal{U}]) = \langle \mathcal{U}^{(1)}, \mathcal{U}^{(2)}, \cdots, \mathcal{U}^{(N)} \rangle$。因此，元素形式可以表示为 $\mathcal{Y}(i_1, i_2, \cdots, i_N) = $ $\text{Trace}\left(\mathcal{U}^{(1)}(r_1, i_1, r_2), \mathcal{U}^{(2)}(r_2, i_2, r_3), \cdots, \mathcal{U}^{(N)}(r_N, i_N, r_1)\right)$ 的形式，Trace（Y）是矩阵的 Trace 运算，$Y_{(n)}$ 表示张量的标准模态 n 展开形式。

张量秩与对应的核心张量秩之间的关系，可以用下面的定理来解释。对于第 n 个核心张量 $\mathcal{U}^{(n)}$，根据相关文献的研究结果，定义了 TR 运算中使用的张量 R 是另一个 n 模态的展开形式，表示为

$Y_{\langle n\rangle}\mathcal{Y}Y_{\langle n\rangle}\in\mathbb{R}^{I_n\times I_{n+1}\cdots I_N I_1 I_2\cdots I_{n-1}}$ 的形式。因此，通过顺序合并除第 n 个核心张量之外的所有核心张量，沿第 2 阶展开的矩阵是第 n 阶核心张量的第 i 阶展开 $Y_{\langle n\rangle}=U_{\langle 2\rangle}^{(n)}\left(U_{\langle 2\rangle}^{(\neq n)}\right)^{\mathrm{T}}U_{\langle 2\rangle}^{(\neq n)}U_{\langle i\rangle}^{(n)}\in\mathbb{R}^{R_i\times I_{n-1}I_n}$，对于所有的 $n=1$，$\cdots$，n，张量环秩与相应因子秩的关系具有以下不等式：

$$\mathrm{Rank}\ (Y_{\langle n\rangle})\leqslant\mathrm{Rank}\ (U_{\langle 2\rangle}^{(n)}) \qquad\qquad (5\text{-}1)$$

张量的 n 模态展开的秩以对应的核心张量的 n 维模态展开的秩为上界，允许对其进行低秩约束，便于研究底层张量的更低秩的结构。

5.2.3　非局部长方体张量化用于高光谱图像增强

张量扩充是利用局部结构和低秩特性的必要预处理步骤，因为高阶张量通过 TR 分解提供了更重要的图像结构。将张量转换为高阶张量主要有三种方法：

（1）重塑操作 RO 增强（Reshape Operation，RO）。

（2）高阶 HH 增强（High-order Hankelization）。

（3）KA 增强（Ket Augmentation，KA）。

然而，应用 RO 和 KA 后恢复的张量往往具有明显的块效应，而数据在没有利用任何邻域信息的情况下进行了排列和重排。Patch 多路延迟嵌入变换是一种高阶汉克化方法，它提供了一个逐块的过程来提取更多的局部信息。但是这种技术增加了 HSI 数据量，使得计算复杂度很高。一种称为非局部长方体张量化（NCT）的增广方案可以将 HSI 数据表示为高阶的，以便更好地利用低秩结构表示，同时探索非局部自相似性和空间-谱相关性。因此，提出了 ATRFHS 方法利用 NCT 通过对 HSI 中的非局部相似长方体进行分组来构建 HSI 增强。

对于 HSI 图像的恢复处理，$\mathcal{T}\in\mathbb{R}^{x\times y\times b}$，$\mathcal{X}\in\mathbb{R}^{x\times y\times b}$ 分别表示观测图像和恢复图像，其中用 $x\times y$ 表示空间大小和用 b 表示光谱波段。首先，为了

表现出光谱的丰富冗余，提取 HSI 光谱方向上相同空间位置 $\frac{p}{2}$ 的所有波段上 $s \times s \times p$ 大小的长方体面片 $C \in \mathbb{R}^{s \times s \times b}$，通过每个长方体面片在同一光谱波段上的欧氏距离在局部窗口内搜索其 $k-1$ 个最近邻面片，将 $k-1$ 个相似长方体块堆叠成一个三阶张量。$\mathcal{N} \in \mathbb{R}^{sk \times sk \times p}$ 在相同的空间位置有不同光谱波段的长方体 $\left(\frac{2b}{p}-1\right)$。因此，如图 5.2 所示，它们被分组为一个四阶张量 $\mathcal{M}_i \in \mathbb{R}^{sk \times sk \times p \times h}$，其中，$h = \left(\frac{2b}{p}-1\right)$。大小为 $x \times y \times p$ 的 HSI 图像被分成 $T = \frac{xy}{S^2}$ 个，大小为 $s \times s \times p$ 的长方体块。

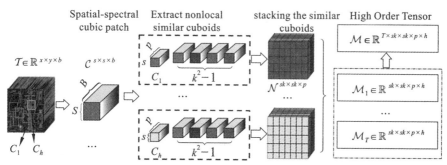

图 5.2　通过 HSI 的空间和光谱相似性构建高阶张量的过程

5.2.4　相位一致性正则化

正则化项可以看作是恢复的 HSI 图像基础属性的先验知识。全变差（TV）是应用于图像恢复的流行正则化方法之一。TV 正则化一直被认为是一种提高图像处理平滑性的实用方法。对于三阶高光谱数据，HSI 的总变分表示为

$$\|\mathcal{T}\|_{TV} = \sum_{x,y,b} \left(\left| \mathcal{T}_{x,y,b} - \mathcal{T}_{x-1,y,b} \right| + \left| \mathcal{T}_{x,y,b} - \mathcal{T}_{x,y-1,b} \right| + \left| \mathcal{T}_{x,y,b} - \mathcal{T}_{x,y,b-1} \right| \right) \tag{5-2}$$

TV 模型能够在有效去除噪声的同时，保留图像边缘的精细细节。然而，当图像边缘被噪声严重污染且无法将噪声从边缘中解缠时，它很容易将噪声误判为边缘。此外，梯度幅值沿边缘扩散而不是跨越边缘的边

缘保持正则化会导致阶梯（块状）效应。

为了改善这一缺点，利用相位一致性特征准确地保留图像的边缘信息，提高噪声图像中区域结构的平滑性。由于相位一致性与对应点信号的性质兼容，因此可以充分检测图像特征。图5.3将去噪结果与TV正则化和PC正则化进行了比较。我们可以从图中看出差异，图5.3（c）中带有PC特征图的高阶信息比图5.3（b）中具有水平和垂直梯度的一阶信息更丰富。与图5.3（d）和图5.3（e）相比，图5.3（f）中使用混合平滑性规则结合TV和PC正则化的复原结果可以保留原始图像更多的细节。

（a）来自HYDICE城市HSI数据的噪声图像

（b）梯度幅值图

（c）PC特征图

（d）由TV正则化模型恢复的图像

（e）由 PC 正则化的模型恢复　　　（f）由 TV 和 PC 结合的混合平滑正则化
模型恢复

图 5.3　去噪结果与 TV 正则化和 PC 正则化的对比

单演相位一致性（MPC）提高了特征定位的精度，与标准相位一致性
相比，显示了优越的计算效率和精度。在图像中的任何特定点 x，MPC 在
数学上可以表述为

$$C(x) = E(x) \left| 1 - \xi \times a\cos\left(\frac{W'(x)}{B'(x)}\right) \right| \frac{\lfloor W'(x) - M \rfloor}{B'(x) + \eta} \tag{5-3}$$

式中，将 sigmoid 函数应用于滤波器响应扩展值而构造的权重函数，具体
由 $E(x)$ 给出，ξ 和 η 都是增益因子，其值介于 1 到 2 之间，其作用在于锐
化边缘响应，M 为补偿噪声的影响，$W'(x)$ 为局部能量信息，$B'(x)$ 是点 x
处的局部振幅，这使得 MPC 既能保留不规则结构，又能不受脉冲噪声的
影响。在脉冲噪声的保真项中，一般采用具有相位一致性正则化的 l_1 范数，
其作用类似于全变差正则化。

MPC 特征图由式（5-3）计算得到，然后得到单演相位一致性正则化，
如式（5-4）所示：

$$\left\| \mathcal{P}(\mathcal{T}) \right\|_{\mathrm{PC}} = \sum_{i=1}^{b} C\left(\mathcal{T}(:,:,i)\right) \tag{5-4}$$

5.3 ATRFHS 算法模型

在上述相关知识的基础上，本章提出了一种基于加权低秩 TR 分解的 HSI 去噪新模型（a novel Auto_weighted low_rank Tensor Ring Factorization with Hybrid Smoothness regularization，ATRFHS），该模型使用了全变分 TV 和相位一致性 PC 正则化的潜因子秩最小化。此外，引入了自动加权机制来建立张量补全模型，并基于交替最小化框架开发相应的算法求解 ATRFHS 模型。图 5.4 很好地展示了面向 HSI 去噪的 ATRFHS 模型。

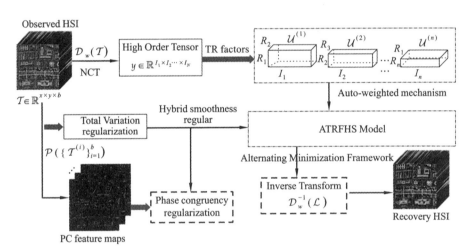

图 5.4　ATRFHS 模型图

为了从含噪高光谱图像恢复得到干净的高光谱图像，通过对 TR 因子施加核范数正则化，使用 TR 模型将高阶张量分解为一个 3 阶张量序列，以便找到一个不完全张量的 TR 核心，表示为式（5-5）的形式：

$$\min_{\mathcal{L},\{\mathcal{U}^{(n)}\}_{1:N}} \sum_{n=1}^{N} \mathrm{Rank}(L_{(n)}) + \frac{1}{2}\|\mathcal{Y}-\mathcal{L}\|_F^2$$

$$\mathrm{s.t.}\ \mathcal{L} = \mathfrak{M}\left(\left\{\mathcal{U}^{(n)}\right\}_{n=1}^{N}\right) \tag{5-5}$$

$\mathcal{Y} = \mathcal{D}_w(\mathcal{T})$ 为经 NCT 变换后的观测数据的高阶张量，$\mathcal{L}$ 为重建分量，$L_{(n)}$ 是张量 $\mathcal{L}$ 的标准模态 n 展开，该模型可以识别数据的低秩结构，对恢复的张量进行近似逼近。但是，张量秩的计算是一个病态问题，很难进行优化求解。ANTRRM 算法模型（l. Xuegang 和 J. Lv 等人，2022）采用了基于核范数正则化的 mode-$\{d, 1\}$ 展开非局部张量环。然而，这种方法忽略了 HSI 的局部平滑性和一致性，此外，在 SVD 的计算方面，mode-$\{d, 1\}$ 展开矩阵比低秩 TR 因子的展开矩阵耗时更多，计算复杂度更高。

为了解决上述问题，Wang 等人对每个 TR 因子进行了强制权重低秩。因此，优化模型便可表述为式（5-6）的形式：

$$\min_{\mathcal{L}, \{\mathcal{U}^{(n)}\}_{1:N}} \sum_{n=1}^{N} \sum_{i=1}^{3} \left\| \mathcal{U}_{(i)}^{(n)} \right\|_* + \frac{1}{2} \left\| \mathcal{Y} - \mathcal{L} \right\|_F^2$$

$$\text{s.t. } \mathcal{L} = \mathfrak{M}\left(\left\{ \mathcal{U}^{(n)} \right\}_{n=1}^{N} \right) \tag{5-6}$$

式中的 $\mathcal{U}_{(i)}^{(n)}$ 为 $\{\mathcal{U}^{(n)}\}_{n=1:N}$ 的第 n 个核心张量的模式-i 展开矩阵，式（5-6）可以显著降低计算复杂度，但随着 TR 因子展开，奇异值的衰减分布沿模式 n 发散，需要构造适当的权重来确定不同的核范数对展开 TR 张量分量的贡献。因此，上述方法还可以进一步优化，因为探索低秩先验知识很难通过不合理权重提取基础数据。此外，平滑性是另一个高光谱图像数据的重要先验知识。

从图 5.5 可见，在不同的展开矩阵中，奇异值的分布存在显著差异。不同展开部分的权重也有所不同。为了体现不同的贡献，权重参数 w 起着至关重要的作用，需要谨慎对待。为了适应不同模式的 TR 秩，采用了自动加权参数优化来主动度量不同奇异值的重要性，从而最大限度地减少不合理权重带来的负面效果。

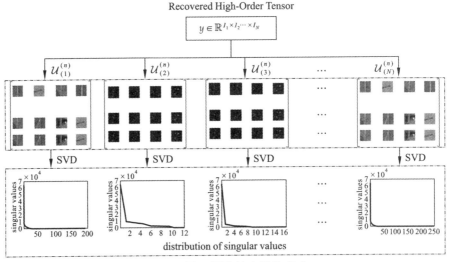

图 5.5 展开矩阵的奇异值分布

受此特点的启发，结合自动加权策略和混合平滑正则化，便可将式（5-6）重写为式（5-7）的形式：

$$\min_{\mathcal{L},w,\{\mathcal{U}^{(n)}\}_{1:N}} \sum_{n=1}^{N} w_n \sum_{i=1}^{3} \left\| \mathcal{U}_{(i)}^{(n)} \right\|_* + \frac{1}{2} \left\| \mathcal{Y} - \mathcal{L} \right\|_F^2 + \gamma \left\| w \right\|_F^2 +$$

$$\lambda_{\mathrm{TV}} \left\| \mathcal{D}_w^{-1}(\mathcal{L}) \right\|_{\mathrm{TV}} + \lambda_{\mathrm{PC}} \left\| \mathcal{P}\left(\mathcal{D}_w^{-1}(\mathcal{L}) \right) \right\|_{\mathrm{PC}} \qquad \text{s.t. } \mathcal{L} = \mathfrak{M}\left(\left\{ \mathcal{U}^{(n)} \right\}_{n=1}^{N} \right) \quad （5\text{-}7）$$

式中，γ、λ_{TV}、λ_{PC} 是正则化参数；$\{w_n\}_{n=1}^{N}$ 是满足 $w_n \geqslant 0, \sum_{n=1}^{N} w_n = 1$ 的权重约束。为了进行优化求解，引入辅助变量 $\mathcal{M}$、$\mathcal{Z}$ 和 $\{\mathcal{G}_{(i)}^{(n)}\}_{i=1}^{3}$，将式（5-7）的最小化问题等价重写为式（5-8）的形式：

$$\min_{\mathcal{L},w,\mathcal{M},\mathcal{Z},\{\mathcal{U}^{(n)}\}_{1:N}} \sum_{n=1}^{N} w_n \sum_{i=1}^{3} \left\| \mathcal{U}_{(i)}^{(n)} \right\|_* + \frac{1}{2} \left\| \mathcal{Y} - \mathcal{L} \right\|_F^2 +$$

$$\gamma \left\| w \right\|_F^2 + \lambda_{\mathrm{TV}} \left\| \mathcal{M} \right\|_{\mathrm{TV}} + \lambda_{\mathrm{PC}} \left\| \mathcal{Z} \right\|_{\mathrm{PC}}$$

$$\text{s.t. } \mathcal{L} = \mathfrak{M}\left(\left\{ \mathcal{U}^{(n)} \right\}_{n=1:N} \right), \mathcal{D}_w^{-1}(\mathcal{L}) = \mathcal{M}, \mathcal{P}\left(\mathcal{D}_w^{-1}(\mathcal{L}) \right) = \mathcal{Z} \qquad （5\text{-}8）$$

为了更新变量 $\mathcal{L},w,\mathcal{G},\mathcal{M},\mathcal{Z},\{\mathcal{U}^{(n)}\}_{1:N}$，式（5-8）分为两个区块，第一个

区块是 w，如式（5-9）所示：

$$\min_{w} \sum_{n=1}^{N} \left(\sum_{i=1}^{3} \left\| \mathcal{U}_{(i)}^{(n)} \right\|_{*} \right) w_n + \gamma \|w\|_{\mathrm{F}}^{2} \tag{5-9}$$
$$\text{s.t. } w^{\mathrm{T}} 1 = 1, w_n \geqslant 0$$

第二个区块是其他区块（如 L 和 $\mathcal{L}\{\mathcal{U}^{(n)}\}_{1:N}$），如式（5-10）所示：

$$\min_{\mathcal{L},\mathcal{M},\mathcal{Z},\{\mathcal{U}^{(n)}\}_{1:N}} \sum_{n=1}^{N} w_n \sum_{i=1}^{3} \left\| \mathcal{G}_{(i)}^{(n)} \right\|_{*} + \frac{1}{2} \|\mathcal{Y} - \mathcal{L}\|_{\mathrm{F}}^{2} + \lambda_{\mathrm{TV}} \|\mathcal{M}\|_{\mathrm{TV}} + \lambda_{\mathrm{PC}} \|\mathcal{Z}\|_{\mathrm{PC}}$$
$$\text{s.t. } \mathcal{L} = \mathfrak{M}\left(\left\{ \mathcal{U}^{(n)} \right\}_{n=1}^{N} \right), \mathcal{D}_{w}^{-1}(\mathcal{L}) = \mathcal{M},$$
$$\mathcal{P}\left(\mathcal{D}_{w}^{-1}(\mathcal{L}) \right) = \mathcal{Z} \text{ and } \mathcal{U}_{(i)}^{(n)} = \mathcal{G}_{(i)}^{(n)} \tag{5-10}$$

5.3.1　ATRFHS 模型的优化求解

通过式（5-8）进行问题的优化求解，自动加权机制可以自动平衡 TR 因子矩阵的不同核范数的权重。块坐标下降（Block Coordinate Descent，BCD）优化框架可以优化式（5-9）所描述的问题。当变量 $\{\mathcal{U}^{(n)}\}_{1:N}$ 固定时，核范数 $\left\{ \sum_{i=1}^{3} \left\| \mathcal{U}_{(i)}^{(n)} \right\|_{*} \right\}_{n=1}^{N}$ 不变，即指示向量 η，其中 $\eta = \left[\sum_{i=1}^{3} \left\| \mathcal{U}_{(i)}^{(1)} \right\|_{*}, \right.$ $\left. \sum_{i=1}^{3} \left\| \mathcal{U}_{(i)}^{(2)} \right\|_{*}, \cdots, \sum_{i=1}^{3} \left\| \mathcal{U}_{(i)}^{(n)} \right\|_{*} \right]^{\mathrm{T}}$ 是固定的。因此，式（5-9）可以改写为式（5-11）的形式：

$$\mathcal{F}(w) = \sum_{k=1}^{N} \eta_k w_k + \gamma \|w\|_{\mathrm{F}}^{2} - \mu(w^{\mathrm{T}} 1 - 1) - \sigma^{\mathrm{T}} w \tag{5-11}$$

式中，$\mu \geqslant 0$ 和 $\sigma = [\sigma_1, \sigma_2, \cdots, \sigma_N]^{\mathrm{T}} \geqslant 0$ 均为拉格朗日乘数，这是一个凸优化求解问题，因而便于求解。通过对式（5-12）求导并设 $W = 0$，$\partial_w \mathcal{F} = \eta + 2\gamma w - \mu - \sigma = 0$，便可得到 $w_i = \frac{\mu + \sigma_i - \eta_i}{2\gamma}$，$w$ 是满足 KKT 条件的最优解，可分为以下三种情况下进行讨论。

（1）如果 $\eta_i - \mu > 0$，因为 $\sigma_i > 0$，从 $w_i^* \sigma_i = 0$ 和 $\sigma_i = 0$，便可得出

$$w_i = \frac{\mu - \eta_i}{2\gamma} \text{。}$$

（2）如果 $\eta_i - \mu = 0$，那么 $w_i = \frac{\sigma_i}{2\gamma}$。因为 $w_i^* \sigma_i = 0$，所以可以推断 $\sigma_i = 0$ 和 $w_i = 0$。

（3）如果 $\eta_i - \mu < 0$ 和 $\sigma_i > 0$，则可以找到正整数 $h = \arg\max_i (\eta_i - \mu > 0) w_i$ 满足非负约束 w_i，因此，式（5-11）的最优解可写成式（5-12）的形式：

$$w_{+i} = \begin{cases} \dfrac{\mu - \eta_i}{2\gamma}, & \eta_i > \mu \\ 0, & \eta_i \leqslant \mu \end{cases} \quad (5\text{-}12)$$

式中，$\mu = \dfrac{\sum_{i=1}^{N} \eta_i - 2\gamma}{h}$。

将式（5-10）转化为如式（5-13）所示的无约束增广拉格朗日函数的形式：

$$\begin{aligned}
\mathcal{F}(\mathcal{W}) = {}& \sum_{n=1}^{N} w_n \left(\sum_{i=1}^{3} \left\| \mathcal{G}_{(i)}^{(n)} \right\|_* + \left\langle \mathcal{A}^{(n)}, \mathcal{G}_{(i)}^{(n)} - \mathcal{U}_{(i)}^{(n)} \right\rangle + \frac{\beta}{2} \left\| \mathcal{G}_{(i)}^{(n)} - \mathcal{U}_{(i)}^{(n)} \right\|_F^2 \right) + \\
& \frac{1}{2} \left\| \mathcal{Y} - \mathfrak{M}\left(\{ \mathcal{U}^{(n)} \}_{n=1}^{N} \right) \right\|_F^2 + \lambda_{TV} \left\| \mathcal{M} \right\|_1 + \frac{\beta}{2} \left\| \mathcal{D}_w^{-1}(\mathcal{L}) - \mathcal{M} \right\|_F^2 + \\
& \left\langle \mathcal{B}, \mathcal{D}_w^{-1}(\mathcal{L}) - \mathcal{M} \right\rangle + \lambda_{PC} \left\| \mathcal{Z} \right\|_1 + \frac{\beta}{2} \left\| \mathcal{P}\left(\mathcal{D}_w^{-1}(\mathcal{L}) \right) - \mathcal{Z} \right\|_F^2 + \\
& \left\langle \mathcal{C}, \mathcal{P}\left(\mathcal{D}_w^{-1}(\mathcal{L}) \right) - \mathcal{Z} \right\rangle \quad (5\text{-}13)
\end{aligned}$$

式中，$\mathcal{W} = \{ \mathcal{L}, \mathcal{M}, \{ \mathcal{G}^{(n)} \}_{n=1}^{N}, \mathcal{Z}, (\mathcal{U}^{(n)})_{n=1}^{N}, (\mathcal{A}^{(n)})_{n=1}^{N}, \mathcal{B}, \mathcal{C} \}$，其中 $\{ \mathcal{A}^{(n)} \}_{n=1}^{N}$，$\mathcal{B}$，$\{ \mathcal{G}^{(n)} \}_{n=1}^{N}$ 和 $\mathcal{C}$ 为辅助变量，$\mathcal{L}$，$\mathcal{M}$，$\{ \mathcal{G}^{(n)} \}_{n=1}^{N}$，$\mathcal{Z}$，$\{ \mathcal{U}^{(n)} \}_{n=1}^{N}$，$\{ \mathcal{A}^{(n)} \}_{n=1}^{N}$，$\mathcal{B}$，$\mathcal{C}$ 的更新如下步骤所示：

步骤 1：更新 $\{ \mathcal{U}^{(n)} \}_{n=1}^{N}$ 并在固定其他变量的情况下，$\mathcal{U}^{(n)}$ 子问题重写为式（5-14）的形式：

$$\mathcal{F}(\mathcal{U}^{(n)}) = \sum_{i=1}^{3} \frac{\beta}{2} \left\| \mathcal{G}^{(n,i)} - \mathcal{U}^{(n,i)} + \frac{1}{\beta} \mathcal{A}^{(n)} \right\|_F^2 + \frac{1}{2} \left\| \mathcal{Y} - \mathfrak{M} \left(\{\mathcal{U}^{(n)}\}_{n=1:N} \right) \right\|_F^2$$

$$(5\text{-}14)$$

式（5-14）是一个最小二乘问题，所以，当 $n = 1, \cdots, N$ 时，式（5-14）可以更新为式（5-15）的形式：

$$\mathcal{U}_+^{(n)} = \text{fold}_2 \left(\frac{\sum_{i=1}^{3} \left(\beta G_{(2)}^{(n,i)} + A_{(2)}^{(n,i)} \right) + T_{\langle n \rangle} U_{\langle 2 \rangle}^{(\neq n)}}{U_{\langle 2 \rangle}^{(\neq n)\,\mathrm{T}} U_{\langle 2 \rangle}^{(\neq n)} + 3E} \right) \qquad (5\text{-}15)$$

式中，E 是单位矩阵，通过每次迭代更新 $\{\mathcal{U}^{(n)}\}_{n=1}^{N}$ TR 因子，$\mathcal{L}$ 则更新为 $\mathcal{L}_+ = \mathfrak{M}(\{\mathcal{U}_+^{(n)}\}_{n}^{N})$ 的形式。

步骤 2：通过固定其他变量更新 $\mathcal{G}^{(n)}$，通过化简式（5-13），对于 $i = 1$，2，3，增广拉格朗日函数 w.r.t.[$\mathcal{G}$] 表示为式（5-16）的形式：

$$\mathcal{F}(G^{(n)}) = w_n \sum_{i=1}^{3} \left\| G_{(i)}^{(n)} \right\|_* + \frac{\beta}{2} \left\| \mathcal{G}^{(n)} - \left(\mathcal{U}^{(n)} - \frac{1}{\beta} \mathcal{A}^{(n)} \right) \right\|_F^2 \qquad (5\text{-}16)$$

$G_{(i)}^{(n)}$ 是一个核范数模型（其中 n 属于自然数），并且已经导出了闭合形式，所以，$\mathcal{G}^{(n)}$ 可以更新为式（5-17）的形式：

$$\mathcal{G}_+^{(n)} = \text{fold}_{(i)} \left(S_{\frac{w_n}{\beta}} \left(\mathcal{U}^{(n)} - \frac{1}{\beta} \mathcal{A}^{(n)} \right) \right) \qquad (5\text{-}17)$$

式中，$S_{\frac{w_n}{\beta}}$ 表示阈值 SVD 操作。

步骤 3：通过固定其他变量进行更新 M，优化模型可以重写为式（5-18）的形式：

$$\mathcal{F}(\mathcal{M}) = \lambda_{\text{TV}} \left\| \mathcal{M} \right\|_1 + \frac{\beta}{2} \left\| \mathcal{M} - \left(\mathcal{D}_w^{-1}(\mathcal{L}) - \mathcal{B} \right) \right\|_F^2 \qquad (5\text{-}18)$$

$\mathcal{M}_+$ 可以表示成式（5-19）的形式，它的优化计算可以通过软阈值算子实现。

$$\mathcal{M}_+ = \Psi_{\frac{\lambda_{\mathrm{TV}}}{\beta}}\left(\mathcal{D}_w^{-1}(\mathcal{L}) - \mathcal{B}\right) \tag{5-19}$$

式中，Ψ_v 定义为 $\Psi_v(x) = \mathrm{sgn}(x).*\max(|x| - v, 0)$。

步骤4：固定其他变量更新 $\mathcal{Z}$，那么，优化模型可以重写为式（5-20）的形式：

$$\mathcal{F}(\mathcal{Z}) = \lambda_{\mathrm{PC}}\|\mathcal{Z}\|_1 + \frac{\beta}{2}\left\|\mathcal{Z} - \left(\mathcal{P}\left(\mathcal{D}_w^{-1}(\mathcal{L})\right) - \mathcal{C}\right)\right\|_{\mathrm{F}}^2 \tag{5-20}$$

同样，闭合解为式（5-21）的形式：

$$\mathcal{Z}_+ = \Psi_{\frac{\lambda_{\mathrm{PC}}}{\beta}}\left(\mathcal{P}\left(\mathcal{D}_w^{-1}(\mathcal{L})\right) - \mathcal{C}\right) \tag{5-21}$$

步骤5：当第（$t+1$）次迭代开始时，更新 $\{\mathcal{A}^{(n)}\}_{n=1}^N, \mathcal{B}, \mathcal{C}$，拉格朗日乘数按式（5-22）的形式更新：

$$\begin{cases} \mathcal{A}_{t+1}^{(n)} = \mathcal{A}_t^{(n)} + \beta\left(\mathcal{G}_{t+1}^{(n)} - \mathcal{U}_{t+1}^{(n)}\right) \\ \mathcal{B}_{t+1} = \mathcal{B}_t + \beta\left(\mathcal{M}_{t+1} - \mathcal{D}_w^{-1}(\mathcal{L}_{t+1})\right) \\ \mathcal{C}_{t+1} = \mathcal{C}_t + \beta(\mathcal{Z}_{t+1} - \mathcal{P}\left(\mathcal{D}_w^{-1}(\mathcal{L}_{t+1})\right)) \end{cases} \tag{5-22}$$

算法5.1介绍了基于ADMM的ATRFHS HSI重建模型求解和基于BCD的自动加权求解的具体过程，具体如下：

算法5.1：ATRFHS算法的流程

输入：观测的含噪高光谱图像 $\left\{\mathcal{A}^{(n)}\right\}_{n=1}^N = 0$，$\mathcal{T} \in \mathbb{R}^{x \times y \times b}$，TR rank $\{R_1, R_2, \cdots, R_N\}$，$\lambda_{\mathrm{TV}}$，$\lambda_{\mathrm{PC}}, \beta$。

初始化：$\left\{\mathcal{A}^{(n)}\right\}_{n=1}^N = 0$，$\mathcal{M} = \mathcal{Z} = \mathcal{B} = \mathcal{C} = 0$，$t = 0$，$\beta = 0.01$，$\sigma = 1.05$，$\beta_{\max} = 5 \times 10^2$，max_it = 100，ter = 1e-5，$w = \{w_j\}_{j=1}^N = \frac{1}{N}$，通过 NCT 对非

局部相似长方体进行分组，形成张量 $\mathcal{Y} = \mathcal{D}_w(\mathcal{T})$；

　　n 从 1 to N，对核心张量 $\mathcal{U}^{(n)}$ 进行随机初始化，Compute $\mathcal{L}_{(0)} = \Phi\{\mathcal{U}^{(1)}, \cdots, \mathcal{U}^{(K)}\}$；

　　通过 $C(\mathcal{T}(:,:,i))$ 计算 MPC，其中 $i = 1$，$\cdots$，b；

　　当 $t \leqslant \text{max\_it}$ 且 $\|\mathcal{Y} - \mathcal{L}\text{last}\|^2 < \text{ter}$ 时；

　　通过式（5-12）更新 $\{w_j\}_{j=1}^N$；

　　通过式（5-14）更新 $\{\mathcal{U}^{(n)}\}_{n=1}^N$；

　　通过式（5-15）更新 $\mathcal{L}$；

　　通过式（5-16）更新 $\{\mathcal{G}^{(n)}\}_{n=1}^N$；

　　通过式（5-19）和式（5-21）更新 $\mathcal{M}$ 和 $\mathcal{Z}$；

　　通过式（5-22）更新 $\{\mathcal{A}^{(n)}\}_{n=1}^N, \mathcal{B}, \mathcal{C}$ 和惩罚参数 $\beta = \min(\sigma\beta, \beta_{\max})$，$t = t + 1$；

　　结束

　　将 $\mathcal{L}$ 转化成三阶张量 $\mathcal{X} = \mathcal{D}_w^{-1}(\mathcal{L})$；

　　最终得到：复原的高光谱图像 $\mathcal{X}$。

5.3.2　计算复杂度

　　为简单起见，我们假设通过 NCT 和 TR 秩（$R_1 = R_2 = \cdots = R_N = R$）将高光谱图像转换成一个高阶张量 $\mathcal{D} \in \mathbb{R}^{I \times I, \cdots, \times I}$，算法 5.1 使得 $\{w_j\}_{j=1}^N$，$\{\mathcal{U}^{(n)}\}_{n=1}^N$ 和 $\{\mathcal{G}^{(n)}\}_{n=1}^N$ 有闭合解。显而易见，最耗时的部分是 $\{\mathcal{U}^{(n)}\}_{n=1}^N$ 和 $\{\mathcal{G}^{(n)}\}_{n=1}^N$ 的更新，次之便是 $\{\mathcal{U}^{(n)}\}_{n=1}^N$、$\{\mathcal{G}^{(n)}\}_{n=1}^N$、$\mathcal{O}(NI^N R^2)$ 和 $\mathcal{O}(NI^N R^3)$ 的更新。更新 $\{w_j\}_{j=1}^N$ 的时间复杂度是 $\mathcal{O}(3TN)$，整个算法模型的复杂度可表示为 $\mathcal{O}(TNI^N R^2(1+R) + 3TN)$，其中 T 为迭代次数。

5.4　实验及数据分析

　　通过两个仿真数据集实验和两个真实数据集实验，分别验证了 ATRFHS 算法和自权重 TR 秩最小化规则在 HSI 恢复上的有效性。为此，选择了 6 种最具代表性的方法进行量化和视觉对比，分别如下所示：

方法 1：基于 3D L_{1-2} 空间谱全变差低秩张量恢复 L_{1-2} SSTV。

方法 2：基于 spectral-spatial L_0 梯度正则化低秩张量分解 LRTF-L_0。

方法 3：基于加权组 sparsity-regularized 低秩张量分解 LRTDGS。

方法 4：基于子空间外地 TR decomposition-based 方法 SBNTRD。

方法 5：基于非局部张量环秩最小化的 ANTRRM。

方法 6：基于 3D 准递归 RNN 的 QRNN3D。

以下所有的实验都是在一台参数为 16 GB DDR4 RAM 和 3.2 GHz Intel Core i7-7700K CPU 的台式计算机上进行的，MATLAB 版本为 R2018b。所有对比方法的参数均按照文献指南进行调整，保证具有可对比性。

5.4.1 仿真高光谱图像实验

由于为模拟实验提供了真实场景的高光谱图像，因此，此处采用了 4 个定量质量指标：峰值信噪比（PSNR）、结构相似度（SSIM）、特征相似度（FSIM）、erreur 相对全局维度 synthèse（ERGAS），并在两个合成实验数据集上验证所提模型的性能，即 Washington DC Mall 和 Indian Pines 这两个数据集，通过取所有波段的平均值计算出的 MPSNR、MSSIM 和 MFSIM，从而进行性能评估。

这 4 个指标评估了空间和光谱信息保留，PSNR、SSIM 和 FSIM 值是通过对所有波段取平均值来生成的。PSNR、SSIM 和 FSIM 值越高，ERGAS 值越低，HSI 去噪效果越好。

（1）Washington DC Mall：高光谱数字影像采集实验（HYDICE）在美国弗吉尼亚州光谱信息技术应用中心的许可下采集，原始大小为 1208 × 307 × 210。从该数据集中提取了 256 × 256 × 128 的一个子图像用于实验。

（2）Indian Pines：由 AVIRIS 传感器在美国印第安纳州西北部的印第安松树试验场上空收集。它包含 145 × 145 像素和 224 个光谱反射率波段，波长从

$0.4 \times 10^{-6} \sim 2.5 \times 10^{-6}\,\mathrm{m}$ 不等。Indian Pines 数据集包含 220 个波段，空间大小为 145×145 像素。从这个数据集中提取了 $145 \times 145 \times 128$ 的子图像用于实验。

至于参数设置，我们凭经验设置了正则化参数 $\lambda_{\mathrm{TV}} = 0.02$，$\lambda_{\mathrm{PC}} = 0.05$，$\beta = 0.03$。在 NCT 中，设置 $s = 5$，$k = 7$，$p = 32$。在这两个干净的 HSI 数据集上添加了 5 种不同类型的噪声案例，以模拟真实场景中的复杂噪声案例，以下是对这些案例的详细描述。

案例 1（i.i.d.高斯噪声）：所有波段的图像均被高斯噪声污染，噪声参数为 $N(0, \sigma)$，其中 $\sigma = 0.05$。

案例 2（非 i.i.d.高斯噪声）：所有波段的条目都被不同强度的零均值高斯噪声污染了。每个波段的信噪比（SNR）由一个值在[10，40]dB 区间的均匀分布随机产生。

案例 3（高斯 + 条纹噪声）：在案例 2 的基础上，从 Washington DC Mall 和 Indian Pines 数据集中选择波段 10 到波段 98 的图像，这些图像中的条纹噪声从 20 到 75 之间。

案例 4（高斯 + 条纹噪声）：基于案例 2，在 Washington DC Mall 和 Indian Pines 数据集中，从波段 76 到波段 106 增加了截止日期。

案例 5（高斯 + 脉冲噪声）：在案例 2 的基础上，随机选择 Washington DC Mall 和 Indian Pines 数据集中的 50 个波段并添加不同强度的脉冲噪声，脉冲的百分比从 30%到 60%。

表 5.1 展示了 Washington DC Mall 和 Indian Pines 数据中所有可比方法的指标测试结果。每个质量指标的最佳结果以黑体显示。从表中可以明显看出，我们提出的方法和 SBNTRD 在所有情况下都获得了优于其他对比方法的最佳结果，证实了我们提出的方法优于其他方法。值得注意的是，SBNTRD 通过非局部先验和 TR 分解充分利用了空间信息。由于我们所提出的方法考虑了自动加权 LR 的特性，并通过 NCT 有效地利用了 HSI 的结构信息，所提出的方法在其他对比方法中获得了最好的结果，除少数指示情况外。

表 5.1   在 WDC 和 URBAN 数据集上不同噪声情况下所有方法的定量结果

噪声案例	数据集	质量指标	QRNN3D	LRTF-L_0	LRTDGS	SBNTRD	$L_{1\text{-}2}$ SSTV	ANTRRM	本章所提算法
case 1	WDC Mall	MPSNR/dB	37.58	37.92	37.68	38.03	37.12	38.12	**38.24**
		MSSIM	0.923 4	0.910 8	0.924 2	0.952 4	0.908 5	0.941 7	**0.953 4**
		MFSIM	0.978 5	0.969 2	0.974 1	0.979 3	0.976 4	0.974 2	**0.979 8**
		ERGAS	152.79	98.48	164.64	108.48	292.47	102.47	**91.47**
	Indian Pines	MPSNR/dB	34.57	33.98	33.806	34.27	33.48	33.12	**33.78**
		MSSIM	0.901 9	0.891 8	0.890 6	0.913 0	0.906 7	0.907 8	**0.919 2**
		MFSIM	0.972 9	0.970 1	0.973 6	0.943 0	0.974 1	0.971 2	**0.978 1**
		ERGAS	134.17	76.58	89.47	78.98	80.55	80.24	**74.12**
case 2	WDC Mall	MPSNR/dB	32.78	33.78	34.89	34.87	34.89	35.02	**35.19**
		MSSIM	0.926 2	0.923 5	0.911 5	0.923 1	0.932 0	0.931 2	**0.938 7**
		MFSIM	0.981 8	0.978 8	0.978 4	0.979 7	**0.987 2**	0.978 9	0.981 4
		ERGAS	282.16	78.98	88.83	74.43	70.27	71.48	**68.69**
	Indian Pines	MPSNR/dB	29.47	30.24	31.98	32.12	31.34	32.74	**33.12**
		MSSIM	0.791 4	0.864 5	0.894 7	0.901 4	0.912 4	0.901 4	**0.914 5**
		MFSIM	0.969 1	0.914 7	0.965 7	0.967 8	**0.966 5**	0.960 2	0.962 4
		ERGAS	424.75	142.19	325.18	213.79	**87.93**	132.47	121.97
case 3	WDC Mall	MPSNR/dB	29.67	30.47	30.65	31.21	30.84	31.02	**31.47**
		MSSIM	0.870 1	0.896 3	0.883 7	0.894 7	0.866 7	0.894 1	**0.902 4**
		MFSIM	0.925 8	0.924 7	0.934 7	0.941 9	**0.951 3**	0.928 4	0.925 8
		ERGAS	146.9	169.4	164.5	174.9	161.8	145.9	**124.3**

续表

噪声案例	数据集	质量指标	QRNN3D	LRTF-L0	LRTDGS	SBNTRD	L1-2 SSTV	ANTRRM	本章所提算法
case 3	Indian Pines	MPSNR/dB	33.47	33.12	34.85	34.67	35.31	35.04	**35.42**
		MSSIM	0.904 7	0.898 7	0.910 2	0.914 7	**0.920 4**	0.914 7	0.919 4
		MFSIM	0.954 1	0.941 2	0.956 7	0.964 1	**0.967 8**	0.941 2	0.952 4
		ERGAS	247.6	183.4	194.7	357.6	368.6	143.7	**134.7**
case 4	WDC Mall	MPSNR/dB	31.68	31.83	31.20	31.87	30.89	32.11	**32.24**
		MSSIM	0.876 2	0.863 5	0.861 5	0.883 1	0.832 0	0.901 4	**0.908 7**
		MFSIM	0.971 4	0.967 8	**0.974 5**	0.974 3	0.957 8	0.961 8	0.972 4
		ERGAS	124.47	104.75	135.71	89.65	90.67	88.65	**83.37**
	Indian Pines	MPSNR/dB	28.98	29.47	30.67	30.25	28.04	30.27	**30.96**
		MSSIM	0.811 4	**0.899 7**	0.897 4	0.891 4	0.837 8	0.891 4	0.898 7
		MFSIM	0.921 4	**0.940 4**	0.937 4	0.937 8	0.937 5	0.928 9	0.934 5
		ERGAS	187.63	104.19	125.18	113.79	286.78	114.64	**102.32**
case 5	WDC Mall	MPSNR/dB	29.78	31.45	31.86	30.89	31.32	32.11	**32.53**
		MSSIM	0.886 7	0.901 7	0.894 7	0.889 7	0.922 0	0.931 4	**0.933 7**
		MFSIM	0.914 5	0.945 7	0.937 8	0.940 1	**0.959 1**	0.949 8	0.950 7
		ERGAS	286.3	186.7	157.8	148.6	178.3	133.8	**101.5**
	Indian Pines	MPSNR/dB	31.58	33.38	33.57	33.75	34.08	35.01	**35.47**
		MSSIM	0.897 9	0.937 8	0.937 8	0.926 5	0.930 4	0.952 7	**0.957 4**
		MFSIM	0.997 0	0.957 7	0.968 7	0.955 5	**0.965 4**	0.950 4	0.954 2
		ERGAS	245.8	189.6	201.5	347.7	147.6	134.5	**114.5**

在视觉质量方面,图 5.6 和图 5.7 所示分别是在 WDC 数据集的 Case 5 和 Indian Pines 数据集的 Case 3 下 7 种不同方法的去噪结果。由图 5.6 与图 5.7(c)中复原图像红色方框部分放大后的白色方框区域所示,QRNN3D 方法可以去除噪声,但不能保留结构信息。此外,可以清楚地看到,在图 5.6 与图 5.7 的(b)(d)(e)(f)和(g)中,使用先验信息正则化方法 L_{1-2} SSTV、LRTDGS、SBNTRD LRTF-L_0 和 ANTRRM 的低秩张量恢复可以有效地去除随机噪声和条纹噪声,但图像细节不能很好地得到保留。相比之下,本章提出的 ATRFHS 方法可以有效地去除所有的混合噪声,并保留更多的边缘和细节,如图 5.6(a)与图 5.7(h)所示。

在 HSI 恢复任务中,ATRFHS 算法模型不仅考虑了 LR,它对高斯噪声和随机噪声具有自动权重 TR 秩最小化,还能通过探索高阶张量结构来消除图 5.6(a)与图 5.7(h)所示的条纹噪声,高阶张量使其更有效地利用变换张量中的局部结构。本章所提出的 ATRFHS 在算法模型的 4 个定量质量指标均优于其他算法模型,不仅消除了所有混合噪声,还保持了高光谱图像中的细节边缘和纹理信息。

（a）带噪图像　　　　　　　　　　（b）L_{1-2} SSTV

（c）QRNN3D　　　　　　　（d）LRTDGS

（e）SBNTRD　　　　　　　（f）LRTF-L_0

（g）ANTRRM　　　　　　　（h）ATRFHS

图 5.6　WDC 数据集第 68 波段恢复效果对比

（a）带噪图像　　　　　　（b）L_{1-2} SSTV

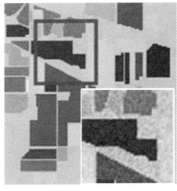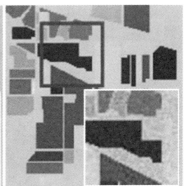

（c）QRNN3D　　　　　　（d）LRTDGS

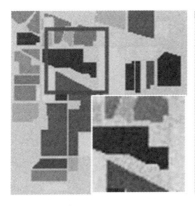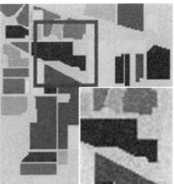

（e）SBNTRD　　　　　　（f）LRTF-L_0

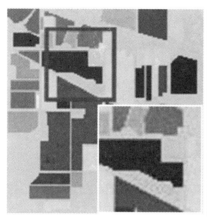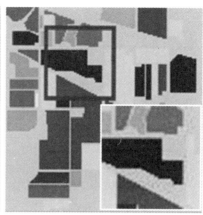

（g）ANTRRM　　　　　　　　（h）ATRFHS

图 5.7　Indian Pines 数据集的第 96 波段恢复效果对比

为了进一步进行对比分析，图 5.8 和图 5.9 所示分别为案例 2 和案例 4 下 WDC Mall 与 Indian Pines 各波段的 PSNR、SSIM 与 FSIM 评价指标曲线。如图 5.8（a）和图 5.9（a）所示，可以观察到所提方法在 WDC Mall 数据和 Indian Pines 中几乎所有波段的 PSNR 值都比其他方法表现得更好。对于 SSIM 指数，本章所提出的算法模型 ATRFHS 在大多数波段上优于同类的其他方法，如图 5.8（b）和图 5.9（b）所示。从图 5.8（c）和图 5.9（c）中可以看出，所提出的 ATRFHS 方法在几乎所有波段都取得了比其他方法更高的 FSIM 值，这验证了所提出方法使用低秩逼近的自加权策略的鲁棒性，也证明了混合正则化相比其他方法的优越性。从图 5.8 和图 5.9 中复原图像评价指标的分布可以看出，我们提出的方法在所有竞争方法中获得了最好的复原性。综上所述，所提方法在视觉质量和定量指标上优于其他方法。

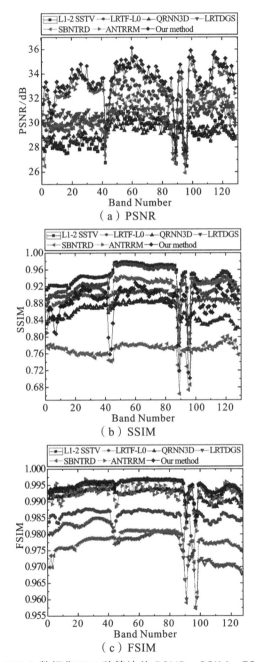

（a）PSNR

（b）SSIM

（c）FSIM

图 5.8　WDC 数据集下 7 种算法的 PSNR、SSIM、FSIM 曲线

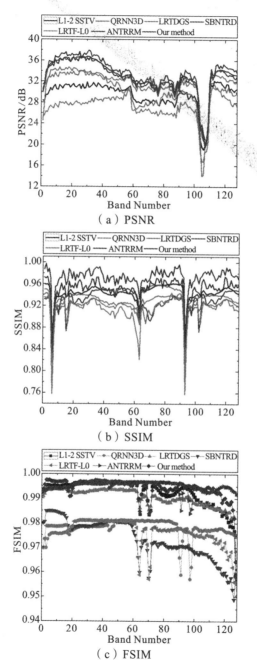

（a）PSNR

（b）SSIM

（c）FSIM

图 5.9　Indian Pines 数据集下 7 种算法的 PSNR、SSIM、FSIM 曲线

5.4.2　真实高光谱数据实验

通过高分五号卫星（GF-5）获取的两个 GF-5 真实高光谱数据集——上海和宝清被用于真实 HSI 数据实验。GF-5 五号卫星由中国航天科技集团有限公司研制，于 2018 年发射。GF-5 数据集的原始大小为 2 100×2 048×180，其中 25 个波段为缺失信息。该数据集由于被高斯噪声、条纹噪声和截断噪声的混入，导致了图像质量的严重退化。

此处选取的 GF-5 上海城市图像大小为 307×307 像素，共有 210 个波段，宝清数据集中的图像尺寸为 300×300，共有 305 个波段，去掉其中的异常波段，两幅 GF-5 图像都受到各种条纹噪声的污染，其中包括在连续波段的同一位置出现的不规则密集条纹噪声。此外，其中几个波段存在大量混合噪声。在去噪之前，将真实 HSI 的灰度值逐波段归一化到[0,1]。在去除 miss波段并提取小区域后，选择尺寸为 300×300×156 的 sub-HSI 进行实验。

分别采用等效视数（ENL）和边缘保持指数（EPI）进行性能评估。ENL和 EPI 值越大，恢复图像的质量越好。

表 5.2 在两个 GF-5 数据集上提供了定量评估指标 ENL 和 EPI 值以及所有竞争方法的运行时间。每个质量指标的最佳结果以黑体突出显示。从表中可以明显看出，与其他竞争方法相比，我们提出的方法在 ENL 和 EPI指标中都取得了显著的性能提升。由于高维张量分解可以捕获空间-光谱维度上的全局相关性，ATRFHS 通过将自动加权低秩张量环分解与全变分和相位一致性正则化相结合，获得了比其他基于张量的格式方法更好的结果。同时，也验证了所提出的自加权 TR 核标准的有效性。

由表 5.2 可见，$L_{1\text{-}2}$ SSTV 方法是所有对比方法中用时最短的方法。然而，正如之前的实验所证明的那样，它并不能取得很好的修复效果。由于对高阶数据计算的更新和 SVD 操作 UG 的使用，本章所提出的 ATRFHS 的计算成本相对高于 $L_{1\text{-}2}$ SSTV、QRNN3D 和 LRTF-L_0 方法，获得了较好的性能参数指标。

表 5.2　所有对比方法在两个 GF-5 数据集上的定量比较（时间单位：秒）

	数据集	$L_{1\text{-}2}$ SSTV	LRTF-L_0	LRTDGS	SBNTRD	QRNN3D	ANTRRM	Ours
ENL	GF-5（Shanghai）	84.27	83.98	84.57	85.31	85.37	85.47	**85.98**
EPI		0.914 2	0.893 4	0.921 4	0.929 8	0.927 6	0.931 7	**0.938 9**
Time		**102.4**	253.7	534.1	492.7	590.6	357.9	303.4
ENL	GF-5（Baoqing）	87.45	86.72	85.96	86.74	87.14	87.74	**87.98**
EPI		0.924 5	0.916 7	0.904 7	0.920 4	0.924 7	0.927 8	**0.932 7**
Time		**110.7**	196.7	573.1	684.7	610.3	348.7	312.4

　　图 5.10 所示为上海市 GF-5 数据集中第 96 波段的恢复结果，为了清晰地说明复原结果的效果，刻意在图像的右下角划定了一个区域并进行放大。图 5.10（a）为带噪图像，所呈现的视觉效果是因为受到高斯噪声和稀疏噪声的混合影响。

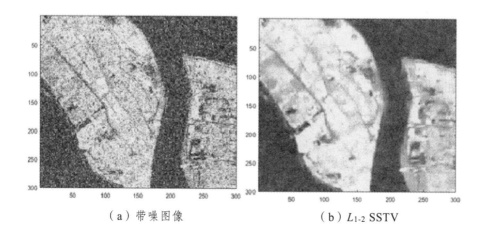

（a）带噪图像　　　　　　　（b）$L_{1\text{-}2}$ SSTV

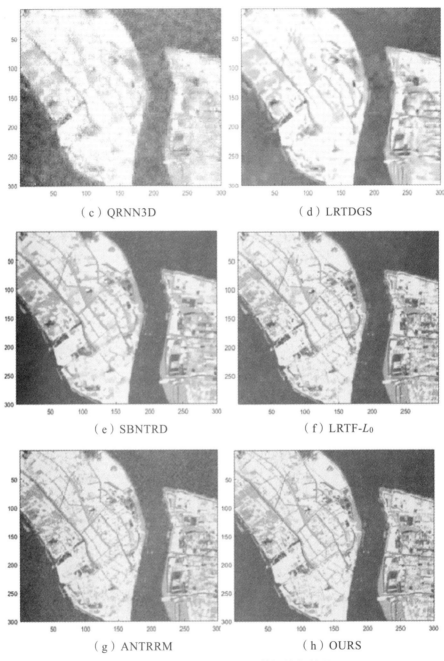

（c）QRNN3D （d）LRTDGS

（e）SBNTRD （f）LRTF-L_0

（g）ANTRRM （h）OURS

图 5.10　上海市 GF-5 HSI 数据恢复结果

从图 5.10 可见，$L_{1\text{-}2}$ SSTV、QRNN3D、LRTD GS 在一定程度上不能有效保持边缘信息。基于低秩先验的方法比其他竞争方法表现得更有效。通过将全变差和相位一致性结合到一个统一的 TV 正则化中，并利用自加权低秩张量环分解来编码全局结构相关性，我们提出的 ATRFHS 方法可以更好地去除复杂的混合噪声。特别地，与其他竞争方法相比，所提出的方法保留了最重要的细节边缘、纹理信息和图像保真度。

图 5.11 所示为 GF-5 宝清数据集波段 109 在 7 种算法中的恢复效果。其中，图 5.11（a）为带噪图像，包含了高斯噪声、随机噪声及条带噪声等构成的复杂混合噪声。

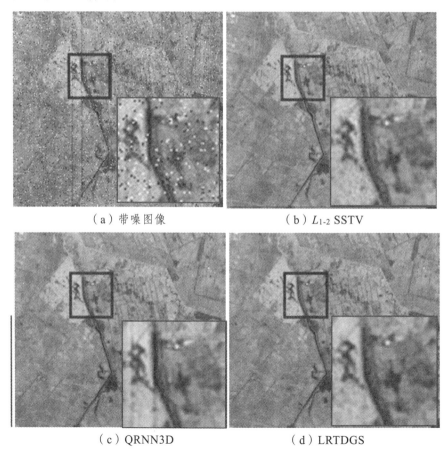

（a）带噪图像　　　　　　　　　（b）$L_{1\text{-}2}$ SSTV

（c）QRNN3D　　　　　　　　　（d）LRTDGS

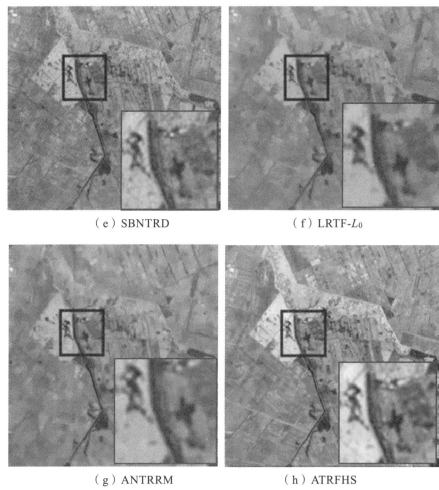

（e）SBNTRD　　　　　　　　（f）LRTF-L_0

（g）ANTRRM　　　　　　　　（h）ATRFHS

图 5.11　GF-5 HSI 的 7 种算法恢复效果

从图 5.11 可见，QRNN3D 和 LRTDGS 方法无法消除结果中的条带噪声，尤其在放大区域其残留的条带噪声较明显。L_{1-2} SSTV 和 SBNTRD 可以获得比其他方法更好的视觉结果，但没有利用 HSI 立方体下的一些内在信息，如局部平滑性，如图 5.11（b）、（e）、（f）所示。与上面提到的 TV 相比，LRTF-L_0 和所提出的方法可以去除更多噪声，但 LRTF-L_0 不能保留边缘和局部细节信息，本章提出的 ATRFHS 算法模型在去除噪声和保留细节方面明显优于其他同类算法模型，综上所述，本章所提出的 ATRFHS 在去除数据集中的混合噪声时，整体获得了最佳性能。

为了进一步研究我们方法的效果，我们提供了一个无参考的图像质量评估，以评估去噪前和去噪后的真实高光谱数据。质量分数如表 5.3 所示。无参考图像质量评价分数越低，去噪质量越好。从表中可以看出，我们提出的 ATRFHS 方法得分最低，可见 ATRFHS 的优越性。

表 5.3　GF-5 宝清影像无参考高光谱影像质量评价

方法	$L_{1\text{-}2}$ SSTV	LRTF-L_0	LRTDGS	SBNTRD	QRNN3D	ANTRRM	ATRFHS
分数	17.68	16.85	16.35	17.98	16.98	16.74	15.31

5.4.3　参数的影响

首先须讨论式（5-9）中的三个参数，其中包括两个正则化约束参数 λ_{TV} 和 λ_{PC} 以及惩罚参数 β。

1. 参数的影响，λ_{PC} 以及 β

电视（TV）和计算机（PC）中的多通道图像因其边缘保持特性而被广泛利用。为了防止 ATRFHS 算法模型出现尖锐边缘的过度拟合影响实验结果的弊端，现将 WDC 数据集在案例 1 中 $\lambda_{TV}\lambda_{PC}$ 作为对象，计算其 MPSNR 和 MSSIM 值，以确定最佳参数值。图 5.12 显示了所提出的算法对于这两个参数的曲面变化。可以看出当 $\lambda_{PC} = 0.02$，$\lambda_{TV} = 0.05$ 时，ATRFHS 方法可以达到 MPSNR 的峰值。

2. P 参数对光谱波段长度的影响

P 也是利用光谱局部低秩特性的一个重要参数。从图 5.13 可以看出，在模拟的 WDC Mall 数据实验中，当 P 等于 32 时，MPSNR 值趋于稳定。因此，建议此处使用 $P = 32$。

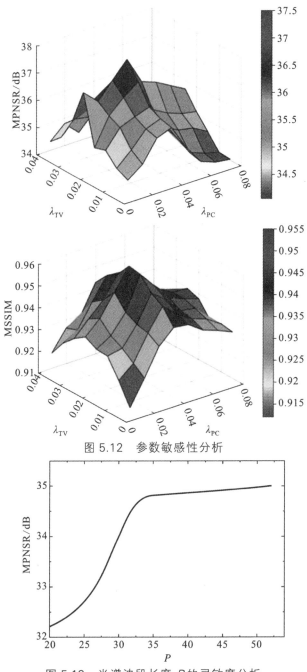

图 5.12　参数敏感性分析

图 5.13　光谱波段长度 P 的灵敏度分析

5.4.4　混合平滑性正则项的有效性

提出的 ATRFHS 是一种结合 TV 和 PC 先验的张量环方法。为了验证在 ATRFHS 中这两个先验的有效性，此处进一步将 ATRFHS 与一个没有 TV 和 PC 正则项的简化版本进行比较，即在式（5-9）中设置参数 $\lambda_{TV}=0$，$\lambda_{PC}=0$，在带有混合噪声的 case 3 中，通过 MPSNR，MFSIM 和 MSSIM 评价指标在两个模拟数据集上进行测试，实验结果如表 5.4 所示。ATRFHS 是我们提出的方法，No-PC 是一种只使用 TV 先验而不使用 PC 先验的方法，No-TV 是一种只使用 PC 先验而不使用 TV 先验的方法，No-TV-PC 是原始的基于加权张量环的方法。表 5.4 中列出的 ATRFHS 获得的度量分数在所有技术中是最高的。融合 TV 和 PC 先验的混合平滑正则化方法比纯 TV 方法更适合恢复具有更多纹理信息的 HSIs。ATRFHS 方法的性能验证了混合平滑正则项的有效性。

表 5.4　ATRFHS 模型各正则项的实证分析

数据集	指数	ATRFHS	没有 PC	没有 TV	没有 TV 和 PC
Washington DC Mall	MPSNR/dB	31.89	31.26	31.11	30.37
	MSSIM	0.921 7	0.910 4	0.919 8	0.903 1
	MFSIM	0.967 4	0.920 1	0.931 4	0.917 8
Indian Pines	MPSNR/dB	34.58	34.14	34.01	33.41
	MSSIM	0.978 4	0.958 7	0.964 7	0.924 7
	MFSIM	0.981 4	0.971 4	0.962 4	0.943 1

5.4.5　ATRFHS 求解器收敛性的经验分析

这里讨论了该算法的收敛性，在模拟的 Washington DC Mall 数据集上对所提出的恢复方法的收敛性进行了实证分析，提供了一个数值实验来展示相对误差、MPSNR 值和 MSSIM 值的收敛行为。在图 5.14 中可见，当算法达到相对较高的迭代次数时，所有评估指标的曲线都达到了一个稳定的值，这表明所提出的算法在经验上收敛良好。

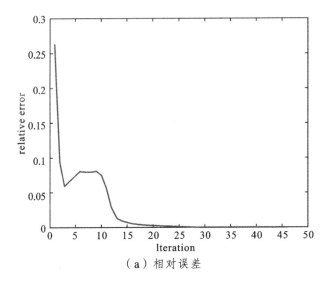

（a）相对误差

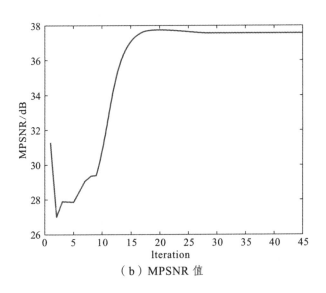

（b）MPSNR 值

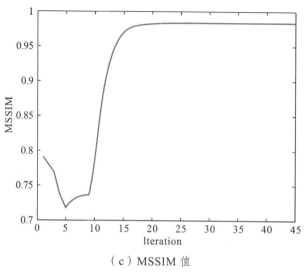

（c）MSSIM 值

图 5.14　ATRFHS 的收敛分析图

5.4.6　分类应用程序

上述研究了作为 HSI 分类预处理步骤的 HSI 噪声去除程序的影响，使用随机森林（RF）分类器来比较不同恢复方法的有效性。RF 分类器的主要思想是通过遍历森林中的每棵决策树来对输入向量进行分类。每棵树的结果在一个单元中为一个特定的类别投票，森林根据投票最多的情况来选择最终的分类标签。分类精度被用来评估不同恢复方法的有效性。这里应用了两个指标，分别是总体精度（OA）和平均精度（AA）。AA 和 OA 的测试数据如表 5.5 所示。表中显示，与直接使用去噪过程后的原始数据相比，去噪方法提高了后续分类技术的性能。ATRFHS 算法在 7 种恢复方法取得的所有分类结果中取得了最高的 OA 和 AA 值，表明在 HSI 恢复中表现最好。

表 5.5　使用 RF 之前，不同恢复算法获得的 Washington DC Mall 分类精度

指标名称	HSI	$L_{1\text{-}2}$ SSTV	LRTF-L_0	LRTDGS	SBNTRD	QRNN3D	ATRFHS
OA	67.54	78.69	80.47	86.74	85.36	86.39	90.58
AA	69.50	84.58	86.78	81.25	84.25	84.12	95.14

5.5 本章小结

本章提出了一种混合平滑正则化的自加权低秩张量环分解算法（ATRFHS）用于 HSI 图像恢复。TR 的低秩分解有效地刻画了 HSI 的全局空间结构相关性，体现了秩近似和高维结构的优点。TR 分解中因子秩最小化的自动加权度量可以更精确地逼近 TR 秩，更好地促进解的低秩性。此外，我们采用了一种融合全变差和相位一致性的混合正则化来平滑因子并保持 HSI 的空间分段常数结构。本章提出了一种交替最小化框架来高效求解 ATRFHS 模型。在模拟数据集和真实数据集上的实验结果表明，所提方法的性能和优越性均优于目前最先进的 HSI 去噪方法。未来，我们尝试将更合适的正则化和非凸张量环因子秩最小化纳入我们的张量环模型中，以进一步增强其 HSI 恢复能力。

第6章

总结与展望

本书以医学 MRI 图像和高光谱图像 HSI 等高维图像为研究载体,以各种典型的、混合的噪声为研究对象,针对多维图像的各类噪声进行去除、补全和复原的研究。在研究过程中,深入分析了各种噪声的特点,充分利用已掌握的先验知识,利用现有的理论和指导思想,挖掘去噪的算法模型,提出了 5 种用于去噪和复原的算法模型,针对提出的算法模型开展了大量的仿真实验和真实数据实验,通过客观、严谨、全面、合理的数据分析方法对这 5 种算法模型进行了论证,最终形成了逻辑严密、数据全面、论证充分、客观严谨的知识体系。

6.1 研究总结

随着影像技术在各种应用领域不断向高要求和高标准的方向延伸发展,人们对图像的精度、细节、维度等有了更高的要求,传统的二维图像由于自身在精度、维度等方面的固有限制,已经不能满足要求,因此,高维图像因其在维度和精度方面的优势脱颖而出,在诸多领域表现出优越的性能和巨大的潜力。

在高维图像中,用于医学领域的 MRI 图像和高光谱图像 HSI 在维度、精度、细节、信息量等方面表现出了优良的特性。以高光谱图像 HSI 为例,它在空间二维的基础上增加了光谱维,成百上千个连续的窄波段记录了地物的丰富细节,细节越丰富,描述地物的信息就越多,对地物的认识和了解就能越充分,这为后续的图像应用、分析、决策提供了丰富的信息和依据。本书共提出了 5 种算法模型,分别用于解决典型的条带噪声、随机噪声、高斯噪声、脉冲噪声及多种噪声构成的混合噪声。

在研究高维图像的去噪和复原时，目前常用的方法包括两大类，分别是：类别 1，采用适合于高维图像的数学表示方法，如张量，利用张量的数学性质和应用实现高维图像的去噪复原；类别 2，将高维图像降维，分解成若干个二维图像的集合形式，从而便可采用传统的处理二维图像的方法来处理高维图像，但其代价便是增加了计算机的时间复杂度。在本书中，这两类方法均有使用。下面分别对 5 类模型进行介绍。

算法模型 1：TMCP-SDM，即基于最小最大非凸惩罚范数 MCP 约束单向 Tchebichef 距差分自适应全变分正则化的去条带算法模型。

该算法模型充分利用了条带噪声的先验知识，即条带噪声的方向性、结构性、稀疏性特点，将 Tchebichef 距和最小最大非凸惩罚范数 MCP 等作为约束条件。因此，TMCP-SDM 在去除噪声的同时，避免了阶梯效应和破坏高光谱图像的结构。在 TMCP-SDM 模型中，有两个约束条件起到了关键作用。

约束条件 1：构建了恢复影像方向 Tchebichef 距的最小最大非凸惩罚正则化约束，发挥了 Tchebichef 距的 UTV 抑制光滑子空间的优势，可以有效地保留图像结构信息不被破坏，减少复原图像的阶梯效应。

约束条件 2：引入了非凸 MCP 范数来表征条带噪声影像低秩估计项，由于非凸近似逼近低秩方法比使用 ℓ_1 范数和核范数等凸近似方式来代替 ℓ_1 范数和 rank 函数更加准确，更能体现条带噪声成分的低秩性和稀疏性特点。将二者作为恢复影像及条带噪声影像的约束条件，通过交替乘子法 ADMM 进行优化求解，从而获得低秩分量，根据低秩理论，低秩分量近似逼近复原图像，从而实现高光谱图像的去噪复原。

为了全面研究条带噪声在高维图像中的去噪方法，本著作提出了第二种用于去除条带噪声的算法模型。

算法模型 2：WBS-MCP，即基于加权块稀疏正则化联合最小最大非凸惩罚约束的高光谱图像条带噪声去噪算法模型。该算法模型主要采用了范数的特性作为约束条件。

约束条件 1：采用加权 $\ell_{2,1}$ 范数对条带噪声分量的稀疏性进行约束。

约束条件 2：利用 ℓ_1 范数对干净无噪图像的水平边缘进行约束。

在优化求解的问题上，采取交替方向乘子算法 ADMM，收敛后便分离出条带噪声分量。此外，该模型使用非凸 MCP 范数来表征条带噪声的低秩性，非凸近似逼近低秩方法比使用 ℓ_1 范数和核范数等凸近似方式来代替 ℓ_0 范数和 rank 函数更能准确体现低秩性和稀疏性，加权 $\ell_{2,1}$ 范数正则化可以减轻复原图像的阶梯效应。因此，WBS-MCP 模型在保持影像边缘和加强区域平滑性方面具有良好的表现。

算法模型 3：RTV-WNNM，即相对全变分的加权核范数最小化模型。该算法模型不仅能去除高维图像中的混合噪声，还在保留地物不规则边缘和细节方面表现优良，在该模型中，有两个重要的约束条件。

约束条件 1：将 WNNM 作为约束条件，有利于保留地物中的不规则边缘和细节。

约束条件 2：将 RTV 作为约束项构成了 RTV-WNNM 新模型。

采用 ADMM 优化求解法进行最优质求解，所获得的最优解即为复原的高光谱图像，采用对比分析技术，将当前的典型技术作为对比对象，其结果表明：无论是视觉效果、客观参数对比，还是可视化分析，RTV-WNNM 算法模型整体表现优良，具有良好的高光谱图像去噪复原性能。

算法模型 4：NLRM-PG 模型，即基于相位一致性和重叠组稀疏正则化非凸低秩模型。该模型用于高维图像尤其是高光谱图像的混合噪声去噪，尤其是当图像中包含了 AWGN + SPIN、AWGN + RVIN 两种类型的混合噪声时，NLRM-PG 在获得良好去噪效果的同时，减少了阶梯效应。该模型的特点：

（1）利用非局部自相似性（NSS）和低秩特性。

（2）利用非凸低秩方法对相似块进行正则化，同时重构相似块。

因此，在处理离群点时，利用基于重叠组稀疏和 ℓ_1 范数的正则化项从噪声图像中分离出来。在去除 AWGN 的同时，利用相位一致性来利用图像的全局和局部结构，以保持图像的精细纹理和尖锐边缘，很好地保护了图像的纹理信息，同时图像中的块效应也得到了充分的抑制。

算法模型 5：ATRFHS，即基于混合平滑正则化的自加权低秩张量环分解算法模型。该模型基于张量环分解 TR 的核心理论，是一种结合 TV 和 PC 先验的张量环方法，使用了全变分 TV 和相位一致性 PC 正则化的潜因子秩最小化。此外，引入了自动加权机制来建立张量补全模型。

ATRFHS 算法模型采用交替乘子法 ADMM 进行优化求解，能获得较好的优化解。在仿真实验和真实数据实验中，该算法均获得较好的性能。

（1）所补全复原的图像的直观视觉效果良好，在去除混合噪声的同时，能良好地保持地物的细节和边缘，优于参与对比分析的其他典型方法。

（2）在客观的画质评价参数上表现良好，整体优于其他对比算法。

（3）ATRFHS 方法的性能验证了混合平滑正则项的有效性，对比数据较其他方法突出。

以上 5 种算法模型从不同的角度入手，在核心理论的基础上，根据要解决的问题的先验知识，将多种约束条件应用到算法模型中，使得模型在实现图像预处理目标的同时，还能获得良好的性能参数，本著作通过大量的仿真实验和真实场景数据实验对这 5 种算法模型进行了全面的论证，其实验数据均表明这 5 种算法模型能获得良好的图像处理效果和画质评价指标，通过大量的对比分析，也证实了本文中算法的整体表现明显优于其他的对比方法。

6.2　研究展望

本书一共提出了 5 种算法模型，每种模型均获得了良好的视觉效果和性能参数，但是依然存在一些不足之处，在后续的研究和读者的反馈中，将针对这些不足展开更加深入的探索研究，在弥补算法模型不足的同时，继续深挖该课题的深度，提升在该研究方向的研究水平，增加更多的优秀研究成果。

（1）算法模型 1（TMCP-SDM）和算法模型 2（WBS-MCP）在解决周期条带噪声和非周期条带噪声方面表现出独特的优势，实验结果论证了这两种算法的有效性、优越性。但是，这两种算法对噪声的方向性比较敏感，针对水平和垂直方向的条带噪声时表现优良，但是面对其他方向的条带噪声，其去噪效果一般，因此，需要加强该算法在条带噪声方面的普适性，以期适合所有方向的条带噪声，更好地解决高光谱图像中不可忽略的条带噪声问题。

（2）算法模型 3（RTV-WNNM）和算法模型 4（NLRM-PG）能有效去除混合噪声且去噪效果明显优于其他典型算法。但是，这两种算法模型在获得良好的高光谱图像去噪效果的同时，也产生了较大的计算复杂度，对运算环境和实验条件有较高的要求，在后续的研究中，应从降低时间复杂度等方面进行优化，以期获得更合理的计算复杂度。

（3）算法模型 5（ATRFHS）结合了张量，并且使用了张量环分解技术 TR 对高光谱图像进行分解，通过张量环 TR 分解实现高光谱图像的补全复原，但是该方法对张量环的应用不充分，还存在更大的挖掘空间和研究空间。

以上所述并未囊括所有不足，因此，期待读者在后续的阅读中及时反馈所发现的问题并告知我们，作者和全体编委成员表示感谢并将针对本书中的各项不足和存在的问题进行探索更正。作者和全体编委成员将秉承"实事求是、务实创新、严谨认真、不断进取"的原则，继续努力深入开展科学研究。

参考文献

[1] KOLDA T G，BADER B W. Tensor decompositions and applications，SIAM Review 2009，51（3）：455-500.

[2] HE L，ZhANG W，SHI M. Non-negative tensor factorization for speech enhancement，in：2016 International Conference on Artificial Intelligence：Technologies and Applications，Atlantis Press，2016：1-5.

[3] YUAN Y Y，WANG S T，CHENG Q，et al. Simultaneous determination of carbendazim and chlorothalonil pesticide residues in peanut oil using excitationemission matrix fluorescence coupled with three-way calibration method，Spectrochimica Acta. Part A：Molecular and Biomolecular Spectroscopy 2019，220：117088

[4] KAWABATA K，MATSUBARA Y，HONDA T，et al. Non-linear mining of social activities in tensor streams，in：Proceedings of the 26th ACM SIGKDD International Conference on Knowledge Discovery & Data Mining，2020：2093-2102.

[5] CICHCKI A，LEE N，OSELEDETS I V，et al. Low-rank tensor networks for dimensionality reduction and large-scale optimization problems：perspectives and challenges part 1，arXiv preprint，arXiv：1609.00893，2016.

[6] WATKINS D S. Fundamentals of Matrix Computations, John Wiley & Sons, 2004, 64.

[7] FAZEL M, HINDI H, BOYD S P. A rank minimization heuristic with application to minimum order system approximation, in: Proceedings of the 2001 American Control Conference (Cat. No. 01CH37148), IEEE, 2001, 6: 4734-4739.

[8] SIDIROPOULOS N D, LATHAUWER L DE, FU X et al. Tensor decomposition for signal processing and machine learning, IEEE Transactions on Signal Processing, 2017, 65 (13): 3551-3582.

[9] VAN LOAN CF. The ubiquitous Kronecker product, Journal of Computational and Applied Mathematics, 2000, 123 (1-2): 85-100.

[10] SMILDE A, BRO R, GELADI P. Multi-Way Analysis: Applications in the Chemical Sciences, John Wiley & Sons, 2005.

[11] KILMER M E, MARTIN C D. Factorization strategies for third-order tensors, Linear Algebra and Its Applications 2011, 435 (3): 641-658.

[12] ZHAO Q, ZHOU G, XEI S, et al. Tensor ring decomposition, arXiv preprint, arXiv: 1606.05535, 2016.

[13] DOLGOV S V, SAVOSTYANOV D V. Alternating minimal energy methods for linear systems in higher dimensions, SIAM Journal on Scientific Computing, 2014, 36 (5): A2248-A2271.

[14] KILMER M E, MARTIN C D, PERRONE L. A third-order generalization

of the matrix svd as a product of third-order tensors, Tech. Rep. TR-2008-4, Tufts University, Department of Computer Science, 2008.

[15] ANDERSEN C M, BRO R. Practical aspects of parafac modeling of fluorescence excitationemission data, Journal of Chemometrics: A Journal of the Chemometrics Society, 2003, 17（4）: 200-215.

[16] BRO R. Review on multiway analysis in chemistry—2000-2005, Critical Reviews in Analytical Chemistry, 2006, 36（3-4）: 279-293.

[17] BRO R, et al. Parafac, tutorial and applications, Chemometrics and Intelligent Laboratory Systems, 1997, 38（2）: 149-172.

[18] BRO R, ANDERSSON C A, KIERS H A. Modeling chromatographic data with retention time shifts, Journal of Chemometrics: A Journal of the Chemometrics Society, 1999, 13（3-4）: 295-309.

[19] LATHAUWER L DE, CASTAING J, CARDOSO J F. Fourth-order cumulant-based blind identification of underdetermined mixtures, IEEE Transactions on Signal Processing, 2007, 55（6）: 2965-2973.

[20] LATHOUWER L DE, BAYNAST A DE. Blind deconvolution of ds-cdma signals by means of decomposition in rank-（1, 1, 1）terms, IEEE Transactions on Signal Processing, 2008, 56（4）: 1562-1571.

[21] MUTI D, BOURENNANE S. Multidimensional filtering based on a tensor approach, Signal Processing, 2005, 85（12）: 2338-2353.

[22] LSTHAUWER L DE, MOOR B DE, VANDERWALLE J. A multilinear

singular value decomposition, SIAM Journal on Matrix Analysis and Applications, 2000, 21 (4): 1253-1278.

[23] LSTHAUWER L DE, MOOR B DE, VANDERWALLE J. On the best rank-1 and rank-(r1, r2, ..., rn)approximation of higher-order tensors, SIAM Journal on Matrix Analysis and Applications, 2000, 21 (4): 1324-1342.

[24] VASILESCU M A O, TERZOPOULOS D. Multilinear analysis of image ensembles: tensorfaces, in: European Conference on Computer Vision, Springer, 2002: 447-460.

[25] HACKBUSCH W, KHOROMSKIJ B N. Tensor-product approximation to operators and functions in high dimensions, Journal of Complexity, 2007, 23 (4-6): 697-714.

[26] KHOROMSKIJ B, KHOROMSKAIA V. Low rank Tucker-type tensor approximation to classical potentials, Open Mathematics, 2007, 5(3): 523-550.

[27] BADER B W, BERRY M W, BROWN M. Discussion tracking in enron email using parafac, in: Survey of Text Mining II, Springer, 2008: 147-163.

[28] ACAR E, ÇAMTEPE S A, KRISHNAMOOTHY M S, et al. Modeling and multiway analysis of chatroom tensors, in: International Conference on Intelligence and Security Informatics, Springer, 2005: 256-268.

[29] LIU N, ZHANG B, YAN J, et al. Text representation: from vector to

tensor, in: Fifth IEEE International Conference on Data Mining (ICDM'05), IEEE, 2005: 725-728.

[30] TUCKER L. Some mathematical notes on three-mode factor analysis, Psychometrika, 1966, 31 (3): 279-311.

[31] LIEVEN D L, BART D M, JOOS V. A multilinear singular value decomposition, SIAM Journal on Matrix Analysis and Applications, 2000.

[32] HITCHCOCK F L. The expression of a tensor or a polyadic as a sum of products, Journal of Mathematical Physics, 1927, 6 (1): 164-189.

[33] CARROLL J D, CHANG J J. Analysis of individual differences in multidimensional scaling via an n-way generalization of "eckart-young" decomposition, Psychometrika, 1970, 35 (3): 283-319.

[34] HARSHMAN R A, et al. Foundations of the PARAFAC procedure: models and conditions for an "explanatory" multimodal factor analysis, UCLA Working Papers in Phonetics, 1970, 16: 1-84.

[35] KIERS H A L. Towards a standardized notation and terminology in multiway analysis, Journal of Chemometrics, 2000, 14.

[36] LATHOUWER L DE. Decompositions of a higher-order tensor in block terms—part I: lemmas for partitioned matrices, SIAM Journal on Matrix Analysis and Applications, 2008, 30 (3): 1022-1032.

[37] ZHANG Z, ELY G, AERON S, et al. Novel methods for multilinear data

completion and de-noising based on tensor-svd, in: Proceedings of the IEEE Conference on Computer Vision and Pattern Recognition, 2014: 3842-3849.

[38] ChAN R H, NG M K. Conjugate gradient methods for Toeplitz systems, SIAM Review, 1996, 38 (3): 427-482.

[39] GRASEDYCK L. Hierarchical singular value decomposition of tensors, SIAM Journal on Matrix Analysis and Applications, 2010, 31 (4): 2029-2054.

[40] HACKBUSCH W, KUHN S. A new scheme for the tensor representation, The Journal of Fourier Analysis and Applications, 2009, 15 (5): 706-722

[41] GRELIER E, NOUY A, CHEVREUIL M. Learning with tree-based tensor formats, arXiv: 1811. 04455, 2019.

[42] OSELEDETS V I. Tensor-train decomposition, SIAM Journal on Scientific Computing, 2011, 33 (5): 2295-2317.

[43] VERSTRAETE F, MURG V, CIRAC J I. Matrix product states, projected entangled pair states, and variational renormalization group methods for quantum spin systems, Advances in Physics, 2008, 57(2): 143-224.

[44] ABLOWITZ M, NIXON S, ZHU Y. Conical diffraction in honeycomb lattices, Physical ReviewA, 2009, 79 (5): 1744.

[45] CINCIO L, DZIARMAGA J, RAMS M M. Multi-scale entanglement renormalization ansatz in two dimensions, Physical Review Letters, 2007, 100（24）: 240603.

[46] AHAD A, LONG Z, ZHU C, et al. Hierarchical tensor ring completion, arXiv preprint, arXiv: 2004.11720, 2020.

[47] ZUBAIR S, WANG W. Tensor dictionary learning with sparse Tucker decomposition, in: 2013 18th International Conference on Digital Signal Processing（DSP）, IEEE, 2013: 1-6.

[48] Buades A, Coll B, Morel J M. A non-local algorithm for image denoising, in Proc. IEEE Comput. Soc. Conf. Comput. Vis. Pattern Recognit.（CVPR）, San Diego, CA, USA, Jun. 2005: 60-65.

[49] DABOV K, FOI A, KATKOVNIK K O, et al. Image denoising by Sparse 3D transform domain collaborayive filtering. IEEE Transactions on Image Proscessing, 2007, 16（8）: 2080-2095.

[50] CAI J, CHAN R H, Nikolova M. Two-phase approach for deblurring images corrupted by impulse plus gaussian noise, Inverse Problem Image, 2008, 12（2）: 187-204.

[51] MAIRAL J, BACH F, PONce J, et al. Non-local sparse models for image restoration. in Proc. IEEE 12th international conference on computer vision, Kyoto, 2009: 2272-2279.

[52] DONG W, ZHang L, SHI G, et al. Nonlocally centralized sparse

representation for image restoration. IEEE Transactions on Image Proscessing, 2013, 22（4）: 1620-1630.

[53] JIANG J, ZHANG L, YANG J. Mixed noise removal by weighted encoding with sparse nonlocal regularization. IEEE transactions on image processing, 2014, 23（6）: 2651-2662.

[54] PITAS I, VENETSANOPOULOS A N. Nonlinear Digital Filters: Principles and Applications. Boston, MA: Kluwer, 1990.

[55] HWANG H, HADDAD R A. Adaptive median filters: New algorithm and results, IEEE transactions on image processing, 1995, 4（4）: 499-502.

[56] KO S J, LEE Y H. Center weighted median filters and their applications to image enhancement, IEEE Transactions on Circuits and Systems, 1991, 38（9）: 984-993.

[57] COYLE E J, LIN J H, GABBOUJ M. Optimal stack filtering and the estimation and structural approaches to image processing, IEEE Transactions on Acoustics, Speech, and Signal Processing, 1989, 37（2）: 2037-2066.

[58] XIAO Y, ZENG T, YU J, et al. Restoration of images corrupted by mixed gaussian-impulse noise via l1-l0 minimization, Pattern Recognition, 2011, 44（8）: 1708-1720.

[59] NIKOLOVA M. A Variational Approach to Remove Outliers and

Impulse Noise. Journal of Mathematical Imaging and Vision，2004，20（1-2）：99-120.

[60] YAN MING. Restoration of Images Corrupted by Impulse Noise and Mixed Gaussian Impulse Noise Using Blind Inpainting. SIAM Journal on Imaging Sciences，2013，6（3）：1227-1245.

[61] JIANG J，YANG J，CUI Y，et al. Mixed noise removal by weighted low rank model. Neurocomputing，2015，151（2）：817-826.

[62] DONG W，SHI G，LI X. Nonlocal image restoration with bilateral variance estimation：a low-rank approach. IEEE Transactions on Image Processing，2013，22（2）：700-711.

[63] HUANG Y，YAN H，WEN Y，et al. Rank minimization with applications to image noise removal. Information Sciences，2018，429（6）：147-163.

[64] WU Z，WANG Q，JIN J，et al. Structure tensor total variation-regularized weighted nuclear norm minimization for hyperspectral image mixed denoising. Signal Processing，2017，131（1）：202-219.

[65] HUANG T，DONG W，XIE X，et al. Mixed Noise Removal via Laplacian Scale Mixture Modeling and Nonlocal Low-Rank Approximation. IEEE Transactions on Image Processing，2017，26（7）：3171-3186.

[66] MINGLI Z，CHRISTIAN D. Structure preserving image denoising

based on low-rank reconstruction and gradient histograms. Computer Vision and Image Understanding, 2018, 171（1）: 48-60.

[67]　WANG H, LI Y, CEN Y, et al. Multi-Matrices Low-Rank Decomposition with Structural Smoothness for Image Denoising, IEEE Transactions on Circuits and Systems for Video Technology. doi: 10.1109/TCSVT.2019.2890880.

[68]　WANG H, CEN Y, HE Z, et al. Reweighted Low-Rank Matrix Analysis With Structural Smoothness for Image Denoising. IEEE transactions on image processing, 2018, 27（4）: 1777-1792.

[69]　LIU Z, YU L, SUN H. Image Denoising via Nonlocal Low Rank Approximation with Local Structure Preserving. IEEE Access, 2019, 7（1）: 7117-7132.

[70]　CAO X, ZHAO Q, MENG D, et al. Robust Low-Rank Matrix Factorization Under General Mixture Noise Distributions. IEEE Transactions on Image Processing, 2016, 25（10）: 4677-4690.

[71]　WEN Z, YIN W, ZHANG Y. Solving a low-rank factorization model for matrix completion by a nonlinear successive over-relaxation algorithm. Mathematical Programming Computation, 2012, 4（4）: 333-361.

[72]　GU S, ZHANG L, ZUO W, et al. Weighted nuclear norm minimization with application to image denoising. In Proceedings of IEEE Conference on Computer Vision and Pattern Recognition, 2014:

2862-2869.

[73]　BECK A，TEBOULLE M. Fast Gradient-Based Algorithms for Constrained Total Variation Image Denoising and Deblurring Problems. IEEE Transactions on Image Proscessing，2009，18（11）：2419-2434.

[74]　WANG H，CEN Y，HE Z，et al. Reweighted low-rank matrix analysis with structural smoothness for image denoising，IEEE Transactions on Image Processing，2018，27（4）：1777-1792.

[75]　WRIGHT J，GANESH A，RAO S，et al. Robust principal component analysis：Exact recovery of corrupted low-rank matrices via convex optimization，in Proc. Adv. Neural Inf. Process. Syst.（NIPS），Dec. 2009：2080-2088.

[76]　XU F，HAN J，WANG Y，et al. Dynamic Magnetic Resonance Imaging via Nonconvex Low-Rank Matrix Approximation. IEEE Access，2017，5（1）：1958-1966.

[77]　CHEN Y，GUO Y，WANG Y，et al. Denoising of Hyperspectral Images Using Nonconvex Low Rank Matrix Approximation. IEEE Transactions on Geoscience and Remote Sensing，2017，55（9）：5366-5380.

[78]　GEMAN D，YANG C. Nonlinear image recovery with half-quadratic regularization，IEEE Trans. Signal Process. 1995，4（7）：932-946.

[79]　KANG Z，PENG C，CHENG Q. Robust PCA via Nonconvex Rank Approximation. 2015 IEEE International Conference on Data Mining.

Atlantic City, NJ, USA, 2015: 211-220.

[80] NIE F, HU Z, LI X. Matrix Completion Based on Non-convex Low Rank Approximation. IEEE Transactions on Image Processing, 2019, 28（5）: 2378-2388.

[81] MORRONE M C, OWENS R A. Feature detection from local energy. Pattern Recognition Letters, 1987, 6（5）: 303-313.

[82] LUO X G, WANG H J, WANG S. Monogenic signal theory based feature similarity index for image quality assessment. AEU - International Journal of Electronics and Communications, 2015, 69（1）: 75-81.

[83] CHEN P , SELESNICK I W. Group-Sparse Signal Denoising : Non-Convex Regularization, Convex Optimization. IEEE Transactions on Signal Processing, 2014, 62（13）: 3464-3478.

[84] WANG L, CHEN Y, LIN F, et al. Impulse Noise Denoising Using Total Variation with Overlapping Group Sparsity and Lp-Pseudo-Norm Shrinkage. Applied Sciences, 2018, 8（11）: 2317.

[85] LU C, TANG J, YAN S, et al. Generalized nonconvex nonsmooth low-rank minimization, in Proceedings of the IEEE Conference on Computer Vision and Pattern Recognition, 2014: 4130-4137.

[86] KUMAR A, AHMAD M O, SWAMY M N, et al. An efficient denoising framework using weighted overlapping group sparsity. Information Sciences, 2018, 454（1）: 292-311.

[87] ZHANG L, ZHANG L, MOU X, et al. FSIM: a feature similarity index for image quality assessment, IEEE Transactions on Image Processing, 2011, 20（8）: 2378-2386.

[88] GUO J, WU Y Q, DAI Y M. Small target detection based on reweighted infrared patch-image model, IET Image Processing, 2018, 12（1）: 70-79.

[89] LUO X G, LV J R, WANG H J, et al. Fast Nonlocal Means Image Denoising Algorithm Using Selective Calculation[J]. Journal of University of Electronic Science and Technology of China, 2015, 44（1）: 84-90.

[90] DABOV K, FOI A, KATKOVNIK K O, et al. Image denoising by Sparse 3D transform domain collaborayive filtering[J]. IEEE Transactions on Image Proscessing, 2007, 16（8）: 2080-2095.

[91] GU S, XIE Q, MENG D, et al. Weighted Nuclear Norm Minimization and Its Applications to Low Level Vision[J]. International Journal of Computer Vision, 2017, 121（2）: 183-208.

[92] DONG W, SHI G, LI X. Nonlocal image restoration with bilateral variance estimation: a low-rank approach[J], IEEE Transactions on Image Processing, 2013, 22（2）: 700-711.

[93] GU S, ZHANG L, ZUO W, et al. Weighted nuclear norm minimization with application to image denoising[C]. IEEE Conference on Computer Vision and Pattern Recognition, 2014: 2862-2869.

[94] XU J，ZHANG L，ZHANG D，et al. Multi-channel weighted nuclear norm minimization for real color image denoising[C]//IEEE International Conference on Computer Vision，2017：1105-1113.

[95] JIANG J, YANG J, CUI Y, et al. Mixed noise removal by weighted low rank model[J]. Neurocomputing，2015，151（2）：817-826.

[96] HUANG Y，YAN H，WEN Y，et al. Rank minimization with applications to image noise removal[J]. Information Sciences，2018，429（6）：147-163.

[97] XIE Y, GU S, LIU Y, et al. Weighted Schatten p-norm minimization for image denoising and background subtraction[J]. IEEE transactions on image processing，2016，25（10）：4842-4857.

[98] ZHANG C, HU W, JIN T, et al. Nonlocal image denoising via adaptive tensor nuclear norm minimization[J]. Neural Computing and Applications，2018，29（1）：3-19.

[99] FENG Z J，HAN W X. Seismic signals blind denoising based on W weighted nuclear norm minimization[J]. Laser ＆ Optoelectronics Progress，2019，56（07）：071503.

[100] CAI J F，CANDES E J，SHEN Z. A singular value thresholding algorithm for matrix completion[J]. SIAM Journal on Optimization，2010，20（4）：1956-1982.

[101] HU Y, ZHANG D, YE J, et al. Fast and accurate matrix completion via

truncated nuclear norm regularization[J]. IEEE transactions on pattern analysis and machine intelligence, 2013, 35（9）: 2117-2130.

[102] BECK A , TEBOULLE M. Fast Gradient-Based Algorithms for Constrained Total Variation Image Denoising and Deblurring Problems[J]. IEEE Transactions on Image Proscessing, 2009, 18（11）: 2419-2434.

[103] XU L, YAN Q, XIA Y, et al. Structure extraction from texture via relative total variation[J]. ACM Transactions on Graphics（TOG）, 2012, 31（6）: 439-445.

[104] WANG H, CEN Y, HE Z. et al. Reweighted low-rank matrix analysis with structural smoothness for image denoising, IEEE Transactions on Image Processing, 2018, 27（4）: 1777-1792.

[105] ARBELAEZ P, MAIRE M, FOWLKES C, et al. Contour detection and hierarchical image segmentation[J]. IEEE transactions on pattern analysis and machine intelligence, 2011, 33（5）: 898-916.

[106] ZHANG L, ZHANG L, MOU X. et al, FSIM: A feature similarity index for image quality assessment, IEEE Transactions on Image Processing, 2011, 20（8）: 2378-2386.